高等职业教育土木建筑大类专业系列新形态教材

高职工程造价专业毕业设计指导与实例

杨建林 林 芳 沈艳峰 等 ■ 编 著

U0362276

清华大学出版社

北京

内容简介

本书根据工程造价毕业设计作业计划书编制,招标工程量清单及招标控制价编制基础知识,确定项目建筑面积与工程类别,土方及基础分部相关构件清单列项,钢筋混凝土工程清单列项,砌筑、门窗、屋面防水及保温工程清单列项,装饰工程清单列项,措施项目清单列项,运用 BIM 软件编制首层柱、有梁板及楼梯清单,编制首层墙体、门窗及二次结构构件清单,编制首层装饰装修工程清单,编制屋面防水保温工程清单,编制基础层各分项工程量清单,部分清单项目的招标工程量手工计算复核,运用软件编制项目的招标工程量清单和招标控制价等 15 个任务组成。本书选取了工程造价专业毕业设计中的常见操作训练内容及造价文件编制的核心审核内容进行引领,可以满足高职工程造价专业以招标工程量清单及招标控制价编制为毕业设计选题方向的学生自主提升学习。本书由校企师资共同编写,通过"任务驱动"和"案例引领",促进学生循序渐进地开展毕业设计。

本书可作为高等职业院校工程造价、建设工程管理、工程监理等专业毕业设计阶段的工作手册式教材,也可供造价从业人员等工程技术管理人员工作参考。

图书在版编目(CIP)数据

高职工程造价专业毕业设计指导与实例/杨建林等编著. —北京:清华大学出版社,2022.4(2024.6重印)
高等职业教育土木建筑大类专业系列新形态教材
ISBN 978-7-302-60192-0

Ⅰ.①高…　Ⅱ.①杨…　Ⅲ.①工程造价-毕业设计-高等职业教育-教学参考资料　Ⅳ.①TU723.32

中国版本图书馆 CIP 数据核字(2022)第 031337 号

责任编辑:杜　晓
封面设计:曹　来
责任校对:赵琳爽
责任印制:刘海龙

出版发行:清华大学出版社
　　　　网　　　址:https://www.tup.com.cn,https://www.wqxuetang.com
　　　　地　　　址:北京清华大学学研大厦 A 座　　　　　邮　　编:100084
　　　　社 总 机:010-83470000　　　　　　　　　　　邮　　购:010-62786544
　　　　投稿与读者服务:010-62776969,c-service@tup.tsinghua.edu.cn
　　　　质量反馈:010-62772015,zhiliang@tup.tsinghua.edu.cn
　　　　课件下载:https://www.tup.com.cn,010-83470410
印 装 者:三河市铭诚印务有限公司
经　　销:全国新华书店
开　　本:185mm×260mm　　　　印　　张:15　　　　字　　数:361 千字
版　　次:2022 年 5 月第 1 版　　　　　　　　　　印　　次:2024 年 6 月第 2 次印刷
定　　价:49.00 元

产品编号:092761-01

前　言

　　"工程造价专业毕业设计"是高职工程造价专业的一门专业核心课程,该课程系统检验专业人才培养方案中"建筑与装饰材料""建筑CAD""建筑识图与构造""识读结构施工图""建筑施工技术""建筑工程计量与计价""BIM工程造价软件应用"等专业课程的教育教学效果。毕业设计成果具有专业知识综合性强、与岗位工作需求紧密对接等特点,实际教学过程中,特别需要一本能够全面梳理专业课程知识,引导学生岗位工作过程思路建构、突出解决工程造价专业毕业设计常见问题的工作手册。专业团队结合多年的工作积累,编著了本书。

　　本书采用现行规范、标准,及"营改增"后出台的系列造价取费标准文件等。在融入新规范内容的同时,教材编著团队依据《造价工程师职业资格制度规定》《造价工程师职业资格考试实施办法》,在各项目的编写中渗透了造价工程师岗位的相关素质、知识、技能要求。本书以实际工程案例为载体,以工程造价专业学生毕业设计常见问题为线索,以培养学生岗位实操能力为核心,充分体现"教学过程与工作过程对接"的职业教育工作手册式教材编写要求。每个教学项目的编写,都着力体现"教学做"一体的职业教育改革思想,结合学生系统梳理专业知识的需求,以岗位工作过程为主线,介绍毕业设计任务的操作流程和操作要点。在学生毕业设计任务的操作训练中,不断提升学生"劳动光荣"的思想认识和"劳动创造价值"的职业意识;通过BIM技术等行业新技术的应用,激发学生的学习兴趣和学习热情,培养学生"热爱、专注、精益"的工匠精神,不断提升学生职业的归属感和自豪感,弘扬"爱国、敬业"的社会主义核心价值观。

　　本书编著团队在教材编写过程中参考了工程造价数字化应用职业技能等级考核评价标准和国家二级造价工程师职业资格考试的考核评价标准的要求,以促进学生对标提升与对标发展,做好学生职业生涯发展规划。

　　本书为江苏城乡建设职业学院工程造价省级高水平专业群立项建设项目(项目编号:ZJQT21002317),由江苏城乡建设职业学院杨建林、林芳和常州科教城置业发展有限公司沈艳峰等编著。其中:任务1～任务3及附录1由林芳编写;任务4和任务5由江苏城乡建设职业学院陈良编写；任务 6～任务 14 由杨建林编写，任务 15、附录 3（案例项目的招标工程量清单）及附录 4（案例项目招标控制价）由常州科教城置业发展有限公司高级工程师沈艳峰编写，附录 2（案例项目的建筑施工图与结构施工图）由江苏鑫洋项目管理有限公司赵益整理。全书由杨建林统稿，常州市工程造价协会荣誉会长、江苏中冠工程咨询有限公司高级工程师朱国华对全书作了审定。

本书在编写过程中，得到了企业专家皇甫小松、刘佳伟、朱莉莉、肖志伟、周李杰、陈杰、高国民、刘鸽平、谢煜等人的大力帮助，并参阅了大量参考文献，在此一并表示诚挚的谢意！限于作者水平有限，书中难免有不足之处，敬请读者批评指正。

编著者

2022 年 1 月

目 录

任务 1 毕业设计作业计划书编制

1.1 任务目标

依据附录 1 某职业学院工程造价专业毕业设计任务书,根据毕业设计内容深度、广度及完整性要求,完成 8 周毕业设计时长内作业计划书编制。

1.2 毕业设计的主要依据和成果

依托一幢 3000m² 以上工业与民用建筑的建筑与结构施工图纸,依据《建设工程工程量清单计价规范》(GB 50500—2013)、《房屋建筑与装饰工程工程量计算规范》、《建筑工程建筑面积计算规范》(GB/T 50353—2013)、《江苏省建设工程费用定额》、《江苏省建筑与装饰工程计价定额》、《建筑安装工程工期定额》(TY 01-89—2016)、《省住房和城乡建设厅关于〈建设工程工程量清单计价规范〉(GB 50500—2013)及其 9 本工程量计算规范的宣贯意见》(苏建价〔2014〕448 号)、《关于建筑业实施营改增后江苏省建设工程计价依据调整的通知》(苏建价〔2016〕154 号)、《常州工程造价信息》等系列现行规范、标准、函件及市场材料价格信息,应用 BIM 建模软件、计量计价软件编制完成一个土建工程项目的招标工程量清单及招标控制价。

毕业设计主要成果有:开题报告、毕业设计计划书、毕业设计文本(包括摘要、招标工程量清单及招标控制价文本、手工工程量计算作业成果、BIM 模型图片及参考文献等)。

1.3 毕业设计的重难点及研究方法

1.3.1 毕业设计的重难点

(1) 正确识读项目的建筑与结构施工图纸,计算项目的建筑面积、确定工程类别,分析工程类别对工程造价的影响。

(2) 依据图纸,正确进行各分部分项工程、单价措施项目工程的清单列项。

(3) 通过系列参考文献,依据图纸,分析各分部分项工程、措施项目工程可能采用的施工方案,如地下室工程图纸的综合识读及土方工程施工方案,桩基图纸的综合识读及桩基施工方案,预制装配式结构工程图纸综合识读及装配式结构的吊装方案等。

(4) 应用 BIM 建模软件编制分部分项工程的工程量清单,分析模型及清单的完整性与准确性。

(5) 根据工程的类型、结构形式、规模等指标,确定项目建设的合理工期。确定垂直运输机械的类型及其清单工程量。

(6) 项目钢筋、模板清单工程量的计算。

(7) 计价时单位工程的取费设置,包括工程类别、项目建设地点、主取费专业设置以及总价措施项目、规费、税金的费率设置。其他项目清单费用的设置。

(8) 计价分析时项目各分部分项工程清单所包含的定额工作内容、对应的计价定额子目,清单工程量与定额工程量之间的异同。

(9) 按照人工工资指导价、材料信息价进行"人材机汇总"。

(10) 毕业设计成果报表的导出和检查。

(11) 指定项目清单工程量和定额工程量的手工作业。

1.3.2 毕业设计重难点的解决方法

毕业设计的难点可以采用文献研究法、调查研究法、案例研究法加以解决。

1. 文献研究法

文献研究法主要指收集、鉴别、整理对毕业设计主要研究内容有重要参考价值的相关文献,并通过对文献的梳理学习形成研究重难点解决的方法。

收集教育科学研究文献的主要渠道有:图书馆、档案馆、中国知网等中外文献资源数据库等。

毕业设计的开题报告一般均需完成文献综述。文献综述是文献综合评述的简称,指在全面收集有关文献资料的基础上,经过归纳整理、分析鉴别,对当前某个学科或专题的研究成果进行系统、全面的叙述和评论。

文献综述的特征是依据对历史和当前研究成果的深入分析,指出当前的水平、动态、应当解决的问题和未来的发展方向,提出自己的观点、意见和建议。一个成功的文献综述,能够以其严密的分析评价和有根据的趋势预测,为新课题的确立提供强有力的支持和论证,在某种意义上起着总结过去、指导提出新课题和推动理论与实践创新发展的作用。

2. 调查研究法

调查研究法是指通过考察了解客观情况直接获取有关材料,并对这些材料进行分析的研究方法。调查法可以不受时间和空间的限制。调查研究是科学研究中一个常用的方法,在描述性、解释性和探索性的研究中都可以运用调查研究的方法。它一般通过抽样的基本步骤,多以个体为分析单位,通过问卷、访谈等方法了解调查对象的有关情况,加以分析并开展研究。工程造价文件编制过程中的"市场询价"就是调查研究的一种应用。

3. 案例研究法

案例研究法是实地实情研究的一种。研究者选择一个或几个相似工程案例为对象,系统地收集数据和资料,进行深入的研究,用以探讨某一分部分项工程、措施项目工程在工程造价清单组价中的常见情况。

1.4 任 务 成 果

根据附录1毕业设计任务书的要求,研究毕业设计的主要内容,分析毕业设计的重点难点,结合工程规模,确定各阶段设计工作量的大小,结合自身对工程造价软件、工程造价知识的掌握情况,根据后续任务指导内容,拟订毕业设计进度计划,完善表1.1。

表 1.1 毕业设计进度计划

序号	主要毕业设计或毕业训练任务	计划时长	起讫时间	作业参考章节
1	熟悉项目图纸、熟悉毕业设计总任务、制订进度计划			
2	撰写开题报告			
3	计算建筑面积、确定工程类别、项目清单列项分析			
4	BIM软件首层建模及清单编制(柱、墙、梁板、楼梯、门窗、二次结构、楼地面、墙柱面、天棚装饰装修等)			
5	BIM软件二层~顶层建模及清单编制			
6	BIM软件屋面层建模及清单编制			
7	BIM软件基础层建模及清单编制(桩、垫层、基础、柱、墙、基础梁、土方工程等)			
8	计价软件清单导入及清单组价分析			
9	计价软件取费设置核查及人材机汇总分析,招标工程量清单、招标控制价导出及总说明编制			
10	指定分部分项工程、单价措施项目工程清单(定额)工程量手工计算			
11	BIM软件工程量和手工作业工程量校核,成果整理及装订、答辩准备			

【任务思考】

在建设工程领域,招标投标是优选合作对象、确定发承包关系的主要方式。招标人发布招标文件,是一个要约邀请的活动,在招标文件中招标人要对投标人的投标报价进行约束,这一约束就是招标控制价。招标人在招标时,把合同条款的主要内容纳入招标文件中,对投标报价的编制办法和要求及合同价款的约定、调整和支付方式做详细说明,如采用"单价计价"方式、"总价计价"方式或"成本加酬金计价"的方式发包,在招标文件内均需明确。投标人递交投标文件是一个要约的活动,投标人在获得招标文件后按照其中的规定和要求、根据自行拟定的技术方案和市场因素等确定投标报价,报价应满足招标人的要求且不高于招标控制价。

2.1　招标工程量清单的编制

招标工程量清单由招标人依据国家标准、招标文件、设计文件以及施工现场实际情况编制,随招标文件发布、供投标报价的工程量清单。包括说明和系列表格。

2.1.1　招标工程量清单编制依据及准备工作

1. 招标工程量清单的编制依据

招标工程度清单的编制依据如下。

(1)《建设工程工程量清单计价规范》(GB 50500—2013)以及各专业工程量计算规范等。

(2)国家或省级、行业建设主管部门颁发的计价定额和办法。

(3)建设工程设计文件及相关资料。

(4)与建设工程有关的标准、规范、技术资料。

(5)拟定的招标文件。

(6)施工现场情况、地勘水文资料、工程特点及常规施工方案。

(7)其他相关资料。

2. 招标工程量清单编制的准备工作

在收集资料的基础上,招标工程量清单编制前需进行如下准备。

1)初步研究

对各种资料进行认真研究,为工程量清单的编制做准备。主要包括以下几个方面。

（1）熟悉《建设工程工程量清单计价规范》（GB 50500—2013）、专业工程量计算规范、当地计价规定及相关文件；熟悉设计文件，掌握工程全貌，便于清单项目列项的完整、工程量的准确计算及清单项目的准确描述。设计文件中出现的问题应及时提出。

（2）熟悉招标文件、招标图纸，确定工程量清单编审的范围及需要设定的暂估价；收集相关市场价格信息，为暂估价的确定提供依据。

（3）对《建设工程工程量清单计价规范》（GB 50500—2013）缺项的新材料、新技术、新工艺，收集足够的基础资料，为补充项目的制定提供依据。

2）现场踏勘

为了选用合理的施工组织设计和施工技术方案，需进行现场踏勘，以充分了解施工现场情况及工程特点，主要对以下两个方面进行调查。

（1）自然地理条件：工程所在地的地理位置、地形、地貌、用地范围等；气象、水文情况，包括气温、湿度、降水量等；地质情况，包括地质构造及特征、承载能力等；地震、洪水及其他自然灾害情况。

（2）施工条件：工程现场周围的道路、进出场条件、交通限制情况；工程现场施工临时设施、大型施工机具、材料堆放场地安排情况；工程现场邻近建筑物与招标工程的间距、结构形式、基础埋深、新旧程度、高度；市政给排水管线位置、管径、压力，废水、污水处理方式，市政、消防供水管道管径、压力、位置等；现场供电方式、方位、距离、电压等；工程现场通信线路的连接和铺设；当地政府有关部门对施工现场管理的一般要求、特殊要求及规定等。

3）拟订常规施工组织设计

施工组织设计是指导拟建工程项目施工的技术经济文件。根据项目的具体情况编制施工组织设计，拟订工程的施工方案、施工顺序、施工方法等，便于工程量清单的编制及准确计算，特别是工程量清单中的措施项目。施工组织设计编制的主要依据有：招标文件中的相关要求，设计文件中的图纸及相关说明，现场踏勘资料，现行技术标准、定额、施工规范或规则等。作为招标人，仅需拟订常规的施工组织设计即可。

在拟定常规的施工组织设计时需注意以下问题。

（1）估算整体工程量。根据概算指标或类似工程进行估算，目前仅对主要项目加以估算，如土石方、混凝土等。

（2）拟订施工总方案。施工总方案只需对重大问题和关键工艺做原则性的规定，不需考虑施工步骤，主要包括：施工方法、施工机械设备的选择、科学的施工组织、合理的施工进度、现场的平面布置及各种技术措施。制订总方案要满足以下原则：从实际出发，符合现场的实际情况，在切实可行的范围内尽量求其先进和快速；满足工期的要求；确保工程质量和施工安全；尽量降低施工成本，使方案更加经济合理。

（3）确定施工顺序。合理确定施工顺序需要考虑以下几点：各分部分项工程之间的关系；施工方法和施工机械的要求；当地的气候条件和水文要求；施工顺序对工期的影响。

（4）编制施工进度计划。施工进度计划要满足合同对工期的要求。

（5）计算人、材、机资源需要量。人工工日数量根据估算的工程量、选用的定额、拟订的施工总方案、施工方法及要求的工期来确定，并考虑节假日、气候等因素的影响。材料需要量主要根据估算的工程量和选用的材料消耗定额进行计算。机具台班数量则根据施工方案确定,选择机械设备及仪器仪表方案和种类的匹配要求,再根据估算的工程量和机械时间定额进行计算。

(6)施工平面图的布置。需根据施工方案、施工进度要求,对施工现场的道路交通、材料仓库、临时设施等做出合理的规划布置,主要包括:建设项目施工总平面图中一切地上、地下已有和拟建的建筑物、构筑物以及其他设施的位置和尺寸;所有为施工服务的临时设施的布置位置,如用地范围,施工用道路,材料仓库,取土与弃土位置,水源、电源位置,安全、消防设施位置;永久性测量放线标桩位置等。

2.1.2 招标工程量清单的编制内容

招标工程量清单包括分部分项工程量清单、措施项目清单、其他项目清单、规费和税金项目清单五部分内容。

1. 分部分项工程量清单编制

分部分项工程项目清单所反映的是拟建工程分部分项工程项目名称和相应数量的明细清单,包括项目编码、项目名称、项目特征、计量单位和工程量在内的五项内容。

1)项目编码

项目编码应根据拟建工程的清单项目名称设置,同一招标工程的项目编码不得有重码。

2)项目名称

项目名称应按《房屋建筑与装饰工程工程量计算规范》(GB 50854—2013)等工程量计算规范附录的项目名称结合拟建工程的实际确定。

在分部分项工程项目清单中所列出的项目,应是在单位工程的施工过程中构成该单位工程实体的分项工程,但应注意以下几点。

(1)当在拟建工程的施工图纸中有体现,并且在专业工程量计算规范附录中也有相对应的项目时,则根据附录中的规定直接列项,确定其项目编码,计算工程量。

(2)当在拟建工程的施工图纸中有体现,但在专业工程量计算规范附录中没有相对应的项目,并且在附录项目的"项目特征"或"工程内容"中也没有提示时,则必须编制针对这些分项工程补充项目,在清单中单独列项并在清单的编制说明中注明。

3)项目特征

工程量清单的项目特征是确定一个清单项目综合单价不可缺少的重要依据。在编制工程量清单时,必须对项目特征进行准确和全面的描述。当有些项目特征用文字难以准确和全面地描述时,为达到规范、简洁、准确、全面描述项目特征的要求,应按以下原则进行。

(1)项目特征描述的内容应按《房屋建筑与装饰工程工程量计算规范》(GB 50854—2013)附录中的规定,结合拟建工程的实际,满足确定综合单价的需要。

(2)若采用标准图集或施工图纸能够全部或部分满足项目特征描述的要求,项目特征描述可直接采用"详见××图集"或"-××图号"的方式。不能满足项目特征描述要求的部分,仍应用文字描述。

4)计量单位

分部分项工程项目清单的计量单位应遵守工程量计算规范附录规定。当附录中有两个或两个以上计量单位的,应结合拟建工程项目的实际选择其中一个确定。

　　5）工程量

　　工程量应按专业工程量计算规范规定的工程量计算规则计算,有效位数应按规范规定执行。另外,补充项的工程量计算必须符合下述原则:一是其计算规则要具有可计算性,二是计算结果要具有唯一性。

　　工程量的计算是一项繁杂而细致的工作,为了快速准确并尽量避免漏算或重算,必须依据一定的计算原则及方法。

　　(1)计算口径一致。根据施工图列出的工程量清单项目,必须与专业工程工程量计算规范中相应清单项目的口径相一致。

　　(2)按工程量计算规则计算。工程量计算规则是综合确定各项消耗指标的基本依据,也是具体工程测算和分析资料的基准。

　　(3)按图纸计算。工程量按每一分项工程,根据设计图纸进行计算。计算时采用的原始数据必须以施工图纸所表示的尺寸或施工图纸能读出的尺寸为准,不得任意增减。

　　(4)按一定顺序计算。计算分部分项工程量时,可以按照定额编目顺序或按照施工图专业顺序依次进行计算。计算同一张图纸的分项工程量时,一般可采用以下几种顺序计算:顺时针或逆时针顺序、先横后纵顺序、轴线编号顺序、施工先后顺序、定额分部分项顺序。

　　2. 措施项目清单编制

　　措施项目清单指为完成工程项目施工,发生于该工程施工准备和施工过程中的技术、生活、安全、环境保护等方面的项目清单。措施项目清单分单价措施项目清单和总价措施项目清单。

　　措施项目清单的编制需考虑多种因素,除工程本身的因素外,还涉及水文、气象、环境、安全等因素。措施项目清单应根据拟建工程的实际情况列项,若出现《房屋建筑与装饰工程工程量计算规范》(GB 50854—2013)中未列的项目,可根据工程实际情况补充。项目清单的设置要考虑拟建工程的施工组织设计、施工技术方案、相关的施工规范与施工验收规范、招标文件中提出的某些必须通过一定的技术措施才能实现的要求。

　　一些可以精确计算工程量的措施项目可采用与分部分项工程项目清单编制相同的方式,编制"分部分项工程和单价措施项目清单与计价表"。而有一些措施项目费用的发生与使用时间、施工方法或者两个以上的工序相关,并大都与实际完成的实体工程量的大小关系不大,如安全文明施工、临时设施、冬雨季施工、已完工程设备保护等,应编制"总价措施项目清单与计价表"。

　　3. 其他项目清单编制

　　其他项目清单是应招标人的特殊要求而发生的与拟建工程有关的其他费用项目和相应数量的清单。工程建设标准的高低、工程的复杂程度、工期长短,发包人对工程管理的要求等都直接影响到其具体内容。当出现未包含在规范表格内容的项目时,可根据实际情况补充。

　　(1)暂列金额,是指招标人暂定并包括在合同中的一笔款项。用于工程合同签订时尚未确定或者不可预见的所需材料、工程设备、服务的采购,施工中可能发生的工程变更、合同约定调整因素出现时的合同价款调整以及发生的索赔、现场签证确认等的费用。此项费用由招标人填写其项目名称、计量单位、暂定金额等,若不能详列,也可只列暂定金额总额。由于暂列金额由招标人支配,实际发生后才得以支付,因此,在确定暂列金额时应根据施工图纸的深度、暂估价设定的水平、合同价款约定调整的因素以及工程实际情况合理确定。一般情况下按分部分项工程项目清单费用的 5%～10% 确定。不同专业预留的暂列金额应分别列项。

（2）暂估价，是招标人在招标文件中提供的用于支付必然要发生但暂时不能确定价格的材料、工程设备的单价以及专业工程的金额。一般而言，为方便合同管理和计价，需要纳入分部分项工程量项目综合单价中的暂估价，应只是材料、工程设备暂估单价，以方便投标与组价。以"项"为计量单位给出的专业工程暂估价一般应是综合暂估价，即应当包括除规费、税金以外的管理费、利润等。

（3）计日工，是为解决现场发生的工程合同范围以外的零星工作或项目的计价而设立。计日工为额外工作的计价提供一个方便快捷的途径。计日工对完成零星工作所消耗的人工工时、材料数量、机具台班进行计量，并按照计日工表中填报的适用项目的单价进行计价支付。编制计日工表格时，一定要给出暂定数量，并且需要根据经验，尽可能估算一个比较贴近实际的数量，且尽可能地把项目列全，以消除因此而产生的争议。

（4）总承包服务费，是为解决招标人在法律法规允许的条件下，进行专业工程发包以及自行采购供应材料、设备时，要求总承包人对发包的专业工程提供协调和配合服务，对供应的材料、设备提供收发和保管服务以及对施工现场进行统一管理，对竣工资料进行统一汇总整理等发生并向承包人支付的费用。招标人应当按照投标人的投标报价支付该项费用。

4. 规费和税金项目清单编制

规费和税金项目清单应按照规定的内容列项，若出现规范中没有的项目，应根据省级政府或有关部门的规定列项。税金项目清单除规定的内容外，如国家税法发生变化或增加税种，应对税金项目清单进行补充。规费、税金的计算基础和费率均应按国家或地方相关部门的规定执行。

5. 工程量清单总说明编制

工程量清单编制总说明包括以下内容。

（1）工程概况。工程概况中要对建设规模、工程特征、计划工期、施工现场实际情况、自然地理条件、环境保护要求等做出描述。其中建设规模是指建筑面积；工程特征应说明基础及结构类型、建筑层数、高度、门窗类型及各部位装饰、装修做法；计划工期是指按工期定额计算的施工天数；施工现场实际情况是指施工场地的地表状况；自然地理条件是指建筑场地所处地理位置的气候及交通运输条件；环境保护要求是针对施工噪声及材料运输可能对周围环境造成的影响和污染所提出的防护要求。

（2）工程招标及分包范围。招标范围是指单位工程的招标范围，如建筑工程招标范围为"全部建筑工程"，装饰装修工程招标范围为"全部装饰装修工程"，或招标范围不含桩基础、幕墙、门窗等。工程分包是指特殊工程项目的分包，如招标人自行采购安装"铝合金门窗"等。

（3）工程量清单编制依据。包括建设工程工程量清单计价规范、设计文件、招标文件、施工现场情况、工程特点及常规施工方案等。

（4）工程质量、材料、施工等的特殊要求。工程质量的要求是指招标人要求拟建工程的质量应达到合格或优良标准；对材料的要求是指招标人根据工程的重要性、使用功能及装饰装修标准提出，诸如对水泥的品牌、钢材的生产厂家、花岗石的出产地、品牌等的要求；施工要求一般是指建设项目中对单项工程的施工顺序等的要求。

（5）其他需要说明的事项。

6. 招标工程量清单汇总

在分部分项工程项目清单、措施项目清单、其他项目清单、规费和税金项目清单编制完成以后，经审查复核，与工程量清单封面及总说明合并装订，由相关责任人签字和盖章，形成完整的招标工程量清单文件。

2.2　招标控制价的编制

《中华人民共和国招标投标法实施条例》（以下简称《招标投标法实施条例》）规定，招标人可以自行决定是否编制标底，一个招标项目只能有一个标底，标底必须保密。同时规定，招标人设有最高投标限价的，应当在招标文件中明确最高投标限价或者最高投标限价的计算方法，招标人不得规定最低投标限价。

《招标投标法实施条例》中规定的最高投标限价基本等同于《建设工程工程量清单计价规范》（GB 50500—2013）中规定的招标控制价。

2.2.1　招标控制价的编制规定与依据

招标控制价是指根据国家或省级建设行政主管部门颁发的有关计价依据和办法，依据拟订的招标文件和招标工程量清单，结合工程具体情况发布的招标工程的最高投标限价，有时也称拦标价、预算控制价。根据住房和城乡建设部颁布的"建筑工程施工发包与承包计价管理办法"（住建部令第 16 号）的规定，国有资金投资的建筑工程招标的，应当设有最高投标限价；非国有资金投资的建筑工程招标的，可以设有最高投标限价或者招标标底。

1. 招标控制价与标底的关系

招标控制价是推行工程量清单计价过程中对传统标底概念进行界定后所设置的专业术语，设标底招标、无标底招标以及招标控制价招标的利弊分析如下。

1）设标底招标

（1）设标底时易发生泄露标底及暗箱操作的现象，失去招标的公平公正性，容易诱发违法违规行为。

（2）编制的标底价是预期价格，因较难考虑施工方案、技术措施对造价的影响，容易与市场造价水平脱节，不利于引导投标人理性竞争。

（3）标底在评标过程的特殊地位使标底价成为左右工程造价的杠杆，不合理的标底会使合理的投标报价在评标中显得不合理，有可能成为地方或行业保护的手段。

（4）将标底作为衡量投标人报价的基准，导致投标人尽力地去迎合标底，往往招标投标过程反映的不是投标人实力的竞争，而是投标人编制预算文件能力的竞争，或者各种合法或非法"投标策略"的竞争。

2）无标底招标

（1）容易出现围标中标现象，各投标人哄抬价格，给招标人带来投资失控的风险。

（2）容易出现低价中标后偷工减料，以牺牲工程质量来降低工程成本，或产生先低价中标，后高额索赔等不良后果。

（3）评标时，招标人对投标人的报价没有参考依据和评判基准。

3）招标控制价招标

（1）采用招标控制价招标的优点。

① 可有效控制投资，防止恶性哄抬报价带来的投资风险。

② 可提高透明度，避免暗箱操作与寻租等违法活动的产生。

③ 可使各投标人根据自身实力、企业定额和施工方案自主报价，符合市场规律形成公平竞争。

（2）采用招标控制价招标也可能出现如下问题。

① 若"最高限价"大大高于市场平均价时，就预示中标后利润很丰厚，只要投标不超过公布的限额都是有效投标，从而可能诱导投标人串标围标。

② 若公布的最高限价远远低于市场平均价，就会影响招标效率。即可能出现只有1～2人投标或出现无人投标的情况，因为按此限额投标将无利可图，超出此限额投标又成为无效投标，导致招标失败或使招标人不得不进行二次招标。

2. 编制招标控制价的规定

（1）国有资金投资的工程建设项目应实行工程量清单招标，招标人应编制招标控制价，投标人的投标报价若超过公布的招标控制价，则其投标应被否决。

（2）招标控制价应由具有编制能力的招标人或受其委托的工程造价咨询人编制。工程造价咨询人不得同时接受招标人和投标人对同一工程的招标控制价和投标报价的编制。

（3）招标控制价应当依据工程量清单、工程计价有关规定和市场价格信息等编制，并不得进行上浮或下调。招标人应当在招标文件中公布招标控制价的总价，以及各单位工程的分部分项工程费、措施项目费、其他项目费、规费和税金。

（4）招标控制价超过批准的概算时，招标人应将其报原概算审批部门审核。

（5）投标人经复核认为招标人公布的招标控制价未按照《建设工程工程量清单计价规范》（GB 50500—2013）的规定进行编制的，应在招标控制价公布后5天内向招标投标监督机构和工程造价管理机构投诉。工程造价管理机构受理投诉后，应立即对招标控制价进行复查，组织投诉人、被投诉人或其委托的招标控制价编制人等单位人员对投诉问题逐一核对。

（6）招标人应将招标控制价及有关资料报送工程所在地或有该工程管辖权的行业管理部门工程造价管理机构备查。

3. 招标控制价的编制依据

招标控制价的编制依据是指在编制招标控制价时需要进行工程量计量、价格确认、工程计价的有关参数、费率值的确定等工作时所需的基础性资料，主要包括：

（1）现行国家标准《建设工程工程量清单计价规范》（GB 50500—2013）与专业工程量计算规范；

（2）国家或省级、行业建设主管部门颁发的计价定额和计价办法；

（3）建设工程设计文件及相关资料；

（4）拟定的招标文件及招标工程量清单；

（5）与建设项目相关的标准、规范、技术资料；

（6）施工现场情况、工程特点及常规施工方案；

（7）工程造价管理机构发布的工程造价信息，工程造价信息没有发布的，参照市场价；

（8）其他的相关资料。

2.2.2 招标控制价的编制内容

1. 招标控制价计价程序

建设工程的招标控制价反映的是单位工程费用，各单位工程费用是由分部分项工程费、措施项目费、其他项目费、规费和税金组成。一般计税法下单位工程招标控制价计价程序见表2.1。

表 2.1 工程招标控制价计价程序（包工包料）

序号	费用名称		计算公式
一	分部分项工程费		清单工程量×除税综合单价
二	措施项目费		
	其中	单价措施项目费	清单工程量×除税综合单价
		总价措施项目费	（分部分项工程费＋单价措施项目费－除税工程设备费）×费率或以项计费
三	其他项目费		
四	规费		
	其中	1. 环境保护税	（分部分项工程费＋措施项目费＋其他项目费－除税工程设备费）×费率
		2. 社会保险费	
		3. 住房公积金	
五	税金		[分部分项工程费＋措施项目费＋其他项目费＋规费－（除税甲供材料费＋除税甲供设备费）/1.01]×费率
	招标控制价		分部分项工程费＋措施项目费＋其他项目费＋规费－（除税甲供材料费＋除税甲供设备费）/1.01＋税金

2. 招标控制价编制的内容

工程招标控制价文件应按照《建设工程工程量清单计价规范》（GB 50500—2013）附录中给出的规范格式进行编写，主要包括以下几项。

（1）招标控制价封面和扉页。

（2）招标控制价总说明。

（3）工程计价汇总表。

（4）分部分项工程和措施项目计价表，包括：分部分项工程和单价措施项目清单与计价表、综合单价分析表、总价措施项目清单与计价表等。

（5）其他项目计价表，包括：其他项目清单与计价汇总表、暂列金额明细表、材料（工程设备）暂估单价及调整表、专业工程暂估价及结算价表、计日工表、总承包服务费计价表、索赔与现场签证计价汇总表、费用索赔申请(核准)表、现场签证表等。

（6）规费、税金项目计价表。

（7）主要材料、工程设备一览表，分为发包人主要材料、工程设备一览表、承包人主要材料、工程设备一览表。

3. 分部分项工程费的编制

分部分项工程费应根据招标文件中的分部分项工程项目清单及有关要求，按《建设工程工程量清单计价规范》(GB 50500—2013)有关规定确定综合单价。

1）综合单价的组价过程

招标控制价的分部分项工程费应由招标工程量清单中给定的工程量乘以其相应综合单价汇总而成。综合单价应按照招标人发布的分部分项工程项目清单的项目名称、工程量、项目特征描述，依据工程所在地区颁发的计价定额和人工、材料、施工机具台班的价格信息等进行组价确定。

2）综合单价中的风险因素

为使招标控制价与投标报价所包含的内容一致，综合单价中应包括招标文件中要求投标人所承担的风险内容及其范围(幅度)产生的风险费用。

（1）对于技术难度较大和管理复杂的项目，可考虑一定的风险费用，并纳入综合单价中。

（2）对于工程设备、材料价格的市场风险，应依据招标文件的规定，工程所在地或行业工程造价管理机构的有关规定，以及市场价格趋势考虑一定比例的风险费用，纳入综合单价中。

（3）税金、规费等法律、法规、规章和政策变化的风险和人工单价等风险费用不应纳入综合单价。

4. 措施项目费的编制

（1）措施项目费中的安全文明施工费应当按照国家或省级、行业建设主管部门的规定标准计价，该部分不得作为竞争性费用。

（2）措施项目应按招标文件中提供的措施项目清单确定，措施项目分为单价措施项目和总价措施项目两种。对于单价措施项目，按其工程量用与分部分项工程项目清单相同的方式确定综合单价。对于总价措施项目，以"项"为单位，按照各地现行的建设工程费用定额采用费率法综合取定，采用费率法时需确定某项费用的计费基数及其费率，结果应是包括除规费、税金以外的全部费用。

5. 其他项目费的编制

1）暂列金额

暂列金额由招标人根据工程特点、工期长短，按有关计价规定进行估算，一般可以分部分项工程费的 5%～10%。

2）暂估价

暂估价中的材料单价应按照工程造价管理机构发布的工程造价信息中的材料单价计算，工程造价信息未发布的材料单价，其单价参考市场价格估算；暂估价中的专业工程暂估价应分不同专业，按有关计价规定估算。

3）计日工

在编制招标控制价时，对计日工中的人工单价和施工机械台班单价应按省级、行业建设主管部门或其授权的工程造价管理机构公布的单价计算;材料应按工程造价管理机构发布的工程造价信息中的材料单价计算,工程造价信息未发布单价的材料,其价格应按市场调查确定的单价计算。

4)总承包服务费

总承包服务费应按照省级或行业建设主管部门的规定计算,在计算时可参考以下标准。

(1)招标人仅要求对分包的专业工程进行总承包管理和协调时,按分包的专业工程估算造价的1.5%计算。

(2)招标人要求对分包的专业工程进行总承包管理和协调,并同时要求提供配合服务时,根据招标文件中列出的配合服务内容和提出的要求,按分包的专业工程估算造价的3%~5%计算。

(3)招标人自行供应材料的,按招标人供应材料价值的1%计算。

6. 规费和税金的编制

规费和税金必须按国家或省级、行业建设主管部门的规定计算。

2.2.3 编制招标控制价时应注意的问题

(1)采用的材料价格应是工程造价管理机构通过"工程造价信息"发布的材料价格,"工程造价信息"未发布材料单价的材料,其材料价格应通过市场调查确定。

(2)施工机械设备的选型直接关系到综合单价水平,应根据工程项目特点和施工条件,本着经济实用、先进高效的原则确定。

(3)应该正确、全面地使用行业和地方的计价定额与相关文件。

(4)不可竞争的措施项目和规费、税金等费用的计算均属于强制性条款,编制招标控制价时应按国家有关规定计算。

(5)不同工程项目、不同投标人会有不同的施工组织方法,所发生的措施费也会有所不同,因此,对于竞争性的措施费用的确定,招标人应首先编制常规的施工组织设计或施工方案,经专家论证确认后再合理确定措施项目与费用。

【任务思考】

任务 3 确定项目建筑面积及工程类别

3.1 建筑面积计算

工程造价指标分析时,需要用到项目的建筑面积。平整场地、综合脚手架、超高施工增加等清单项目的工程量计算也都与建筑面积相关。

确定项目建筑面积时,需要对照《建筑工程建筑面积计算规范》(GB/T 50353—2013)的计算规则和工程图纸,逐层计算建筑面积。

本教材所述"案例项目",均为教材附录 2 施工图纸。

3.1.1 计算建筑面积的规定

1. 一般建筑物

建筑物的建筑面积应按自然层外墙结构外围水平面积之和计算。结构层高在 2.20m 及以上的,应计算全面积;结构层高在 2.20m 以下的,应计算 1/2 面积。

2. 建筑物内设局部楼层

建筑物内设有局部楼层时,对于局部楼层的二层及以上楼层,有围护结构的应按其围护结构外围水平面积计算,无围护结构的应按其结构底板水平面积计算。结构层高在 2.20m 及以上的,应计算全面积;结构层高在 2.20m 以下的,应计算 1/2 面积。

3. 坡屋顶

形成建筑空间的坡屋顶,结构净高在 2.10m 及以上的部位应计算全面积;结构净高在 1.20～2.10m 的部位应计算 1/2 面积;结构净高在 1.20m 以下的部位不应计算建筑面积。

4. 地下室

地下室、半地下室应按其结构外围水平面积计算。结构层高在 2.20m 及以上的,应计算全面积;结构层高在 2.20m 以下的,应计算 1/2 面积。

5. 出入口外墙外侧坡道

出入口外墙外侧坡道有顶盖的部位,应按其外墙结构外围水平面积的 1/2 计算面积。

6. 架空层

建筑物架空层及坡地建筑物吊脚架空层,应按其顶板水平投影计算建筑面积。结构层高在 2.20m 及以上的,应计算全面积;结构层高在 2.20m 以下的,应计算 1/2 面积。

7. 门厅、大厅

建筑物的门厅、大厅应按一层计算建筑面积,门厅、大厅内设置的走廊应按走廊结构底板水平投影面积计算建筑面积。结构层高在 2.20m 及以上的,应计算全面积;结构层高在 2.20m 以下的,应计算 1/2 面积。

8. 架空走廊

建筑物间的架空走廊,有顶盖和围护结构的,应按其围护结构外围水平面积计算全面积;无围护结构有围护设施的,应按其结构底板水平投影面积计算 1/2 面积。

9. 落地橱窗

附属在建筑物外墙的落地橱窗,应按其围护结构外围水平面积计算。结构层高在 2.20m 及以上的,应计算全面积;结构层高在 2.20m 以下的,应计算 1/2 面积。

10. 凸(飘)窗

窗台与室内地面高差在 0.45m 以下且结构净高在 2.10m 及以上的凸(飘)窗,应按其围护结构外围水平面积计算 1/2 面积。

11. 室外走廊(挑廊)

有围护设施的室外走廊(挑廊),应按其结构底板水平投影面积计算 1/2 面积;有围护设施(或柱)的檐廊,应按其围护设施(或柱)外围水平面积计算 1/2 面积。

12. 门廊、雨篷

门廊应按其顶板水平投影面积的 1/2 计算建筑面积;有柱雨篷应按其结构板水平面积的 1/2 计算建筑面积;无柱雨篷的结构外边线至外墙结构外边线的宽度在 2.10m 及以上的,应按雨篷结构板的水平投影面积的 1/2 计算建筑面积。

13. 屋顶楼梯间、电梯间、水箱间、电梯机房

设在建筑物顶部的、有围护结构的楼梯间、水箱间、电梯机房等,结构层高在 2.20m 及以上的,应计算全面积;结构层高在 2.20m 以下的,应计算 1/2 面积。

14. 室内楼梯、电梯井、管道井等

建筑物的室内楼梯、电梯井、提物井、管道井、通风排气竖井、烟道,应并入建筑物的自然层计算建筑面积。有顶盖的采光井应按一层计算面积,结构净高在 2.10m 及以上的应计算全面积,结构净高在 2.10m 以下的,应计算 1/2 面积。

15. 室外楼梯

室外楼梯应并入所依附建筑物自然层,并应按其水平投影面积的 1/2 计算建筑面积。

16. 阳台

在主体结构内的阳台,应按其结构外围水平面积计算全面积;在主体结构外的阳台,应按其结构底板水平投影面积计算 1/2 面积。

17. 幕墙结构

以幕墙作围护结构的建筑物,应按幕墙外边线计算建筑面积。

18. 外墙外保温建筑

建筑物的外墙外保温层,应按其保温材料的水平截面积计算,并计入自然层建筑面积。

19. 变形缝

与室内相通的变形缝,应按其自然层合并在建筑物建筑面积内计算。对于高低联跨的建筑物,当高低跨内部相通时,其变形缝应计算在低跨面积内。

20. 不应计算建筑面积的项目

下列项目不应计算建筑面积:

(1) 与建筑物内不相连通的建筑部件;

(2) 骑楼、过街楼底层的开放公共空间和建筑物通道;

(3) 舞台及后台悬挂幕布、布景的天桥、挑台等;

(4) 露台、露天游泳池、花架、屋顶的水箱及装饰性结构构件;

(5) 建筑物内的操作平台、上料平台、安装箱和罐体的平台;

(6) 勒脚、附墙柱、垛、台阶、墙面抹灰、装饰面、镶贴块料面层、装饰性幕墙、主体结构外的空调室外机搁板(箱)、构件、配件,挑出宽度在 2.10m 以下的无柱雨篷和顶盖高度达到或超过两个楼层的无柱雨篷;

(7) 窗台与室内地面高差在 0.45m 以下且结构净高在 2.10m 及以下的凸(飘)窗,窗台与室内地面高差在 0.45m 及以上的凸(飘)窗;

(8) 室外爬梯、室外专用消防钢楼梯;

(9) 无围护结构的观光电梯;

(10) 建筑物以外的地下人防通道,独立的烟囱、烟道、地沟、油(水)罐、气柜、水塔、贮油(水)池、贮仓、栈桥等构筑物。

3.1.2 案例项目——建筑面积计算

从附录2"建施"2—2 剖面图可见,该案例项目一层层高为 4.5m,二～六层层高均为 3.8m,局部七层层高为 4.2m。楼层层高均大于 2.2m,每层均需计算全面积。

该案例项目为工业建筑,从"建施"工程做法列表"外墙1""外墙2"的构造做法分析可知,外墙未设置保温层。因此,每层的建筑面积应按自然层外墙结构外围水平面积计算。

以一层①～③轴区间车间部分的建筑面积计算为例,依据图纸"建施"一层平面图。

$$
\begin{aligned}
S &= (18+0.25)\times(42+0.375+0.125)-(9+0.4+0.125-2.2)\times0.25+0.4 \\
&\quad \times(8+0.125+0.3)+0.4\times(3.6+0.3\times2) \\
&= 778.84(\text{m}^2)
\end{aligned}
$$

实际工程中,房屋在平面上往往有较多的凸出与凹进,建筑面积计算时,可以运用 CAD 软件绘制建筑外墙外轮廓,然后查询出相应的建筑面积。

以上述区间计算为例,应用"LINE"命令绘制外墙外轮廓边线图,如图 3.1 所示。

单击"绘图"菜单→"面域",选中图 3.1 所绘的外轮廓,创建一个面域。

依次单击"工具"菜单→"查询"→"面积",选中创建的面域,即可得到建筑面积 $S=778.94\text{m}^2$,与手工计算结果基本相同。

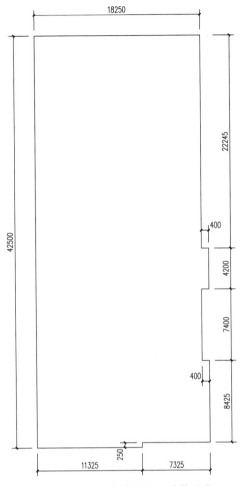

图 3.1 一层局部建筑面积计算示意

3.2 确定工程类别

3.2.1 建筑工程类别划分及其说明

1. 建筑工程类别划分

建筑工程类别的划分见表 3.1。建筑工程类别从一类工程到三类工程,一共有三类。以民用建筑中的住宅工程为例,一类工程层数≥22 层或檐口高度≥62m,二类工程层数≥12层或檐口高度≥34m,可见,在高度和层数上一类工程均大于二类工程。工业与民用建筑中,房屋高度越高、层数越多,涉及的生产要素、组织施工的各种影响因素越多,工程施工难度越大,工程管理越复杂。具体项目的工程类别确定依据图纸的相关信息,根据表 3.1进行。

表3.1　建筑工程类别划分

工程类别			单位	工程类别划分标准		
				一类	二类	三类
工业建筑	单层	檐口高度	m	≥20	≥16	<16
		跨度	m	≥24	≥18	<18
	多层	檐口高度	m	≥30	≥18	<18
民用建筑	住宅	檐口高度	m	≥62	≥34	<34
		层数	层	≥22	≥12	<12
	公共建筑	檐口高度	m	≥56	≥30	<30
		层数	层	≥18	≥10	<10
大型土石方工程		单位工程挖或填土(石)方容量	m³	≥5 000		
桩基础工程		预制混凝土(钢板)桩长	m	≥30	≥20	<20
		灌注桩桩长	m	≥50	≥30	<30

2. 建筑工程类别划分说明

（1）建筑工程类别划分是根据不同的单位工程，按施工难易程度，结合建筑工程项目管理水平确定。

（2）不同层数组成的单位工程，当高层部分的面积（竖向切分）占总面积30%以上时，按高层的指标确定工程类别，不足30%的按低层指标确定工程类别。

（3）建筑物、构筑物高度系指设计室外地面标高至檐口顶标高（不包括女儿墙、高出屋面电梯间、水箱间的高度），跨度系指轴线之间的宽度。

（4）工业建筑工程指从事物质生产和直接为生产服务的建筑工程，主要包括生产（加工）车间、实验车间、仓库独立实验室、化验室、民用锅炉房、变电所和其他生产用建筑工程。

（5）民用建筑工程指直接用于满足人们的物质和文化生活需要的非生产性建筑，主要包括综合楼、办公楼、教学楼、宾馆、宿舍、商场、医院及其他民用建筑工程。

（6）桩基础工程指天然地基上的浅基础不能满足建筑物、构筑物稳定要求而采用的一种深基础，主要包括各种灌注桩和预制桩。

（7）预制构件制作工程类别划分按相应的建筑工程类别划分标准执行。

（8）确定类别时，地下室、半地下室和层高小于2.2m的楼层均不计算层数。空间可利用的坡屋顶或顶楼的跃层，当净高超过2.1m部分的水平面积与标准层建筑面积相比达到50%以上时应计算层数。底层车库（不包括地下或半地下车库）在设计室外地面以上部分不小于2.2m时，应计算层数。

（9）工程类别标准中，有两个指标控制的，只要满足其中一个指标即可按该指标确定工程类别。

（10）单独地下室工程按二类标准取费，如地下室建筑面积≥10 000m² 则按一类标准取费。

（11）有地下室的建筑物，工程类别不低于二类。

（12）多栋建筑物下有连通的地下室时,地上建筑物的工程类别同有地下室的建筑物;其地下室部分的工程类别同单独地下室工程。

（13）桩基工程类别有不同桩长时,按照超过30%根数的设计最大桩长为准。同一单位工程内有不同类型的桩时,应分别计算。

（14）在确定工程类别时,对于工程施工难度很大的工程,如建筑造型、结构复杂,采用新的施工工艺的工程等;以及工程类别标准中未包括的特殊工程,如展览中心、影剧院、体育馆、游泳馆等,由当地工程造价管理机构根据具体情况确定,报上级造价管理机构备案。

3.2.2　确定案例项目建筑工程类别

确定建筑
工程类别

1. 桩基工程的工程类别

由附录2"结施"中桩平面布置图的桩基设计说明可见,案例项目采用的是预应力钢筋混凝土管桩,管桩型号为 PHC-500(110)-AB-11,10,每根桩均由两节 11m 和 10m 的桩接长而成。按照表 3.1,20m＜桩长 21m＜30m,桩基工程为二类工程。

2. 科研车间的工程类别

由附录2"建施"中建筑施工图设计总说明及其他相关施工图可知,案例项目为 6 层框架结构建筑,檐口高度为 23.8m,结构使用功能为科研车间。按照表 3.1,多层工业建筑,18m＜檐口高度 23.8m＜30m,为二类工程。

3.3　工程类别与工程造价

《江苏省建设工程费用定额》(2014 年)营改增后的调整内容规定,对于采用"一般计税方法"进行工程造价计算的工程,综合单价中企业管理费和利润按表 3.2 取费标准执行。

表 3.2　建筑工程企业管理费和利润取费标准表

序号	项 目 名 称	计算基础	企业管理费率/%			利润率/%
			一类工程	二类工程	三类工程	
一	建筑工程	人工费＋除税施工机具使用费	32	29	26	12
二	单独预制构件制作		15	13	11	6
三	打预制桩、单独构件吊装		11	9	7	5
四	制作兼打桩		17	15	12	7
五	大型土石方工程		7			4

清单组价时,附录2科研车间为二类建筑工程,由表 3.2 可见,企业管理费和利润率分别为 29％和 12％;桩基工程采用静力压桩,属表 3.2 中的"打预制桩"项目,二类工程桩基,企业管理费和利润率分别为 9％和 5％。

【任务思考】

任务 4 土方及基础分部相关构件清单列项

4.1 招标工程量清单的清单列项

清单列项是招标工程量清单编制的首要问题。一是要求根据工程图纸，按照《房屋建筑与装饰工程量计算规范》(GB 50854—2013)附录的顺序依次列出招标工程量清单的项目名称，图纸中所应完成的施工内容均需根据规范的附录列出相应的清单项目；二是针对具体的清单项目，按照项目特征描述的差异、定额组价需要以及工程量核对需求(按区段、按楼层等)对同一名称的清单项目进行差异化的编码列项。

4.2 土方及基础清单列项

1. 土方及基础分部清单列项基础知识

与其他楼层相比较，基础施工图的读图和清单列项是招标工程量清单编制的重点与难点。

当土方工程采用"小开挖"时，除基坑和沟槽外大部分土体不会受到开挖扰动，对应的清单列项名称为"挖基坑土方"和"挖沟槽土方"。项目编码数量可根据项目特征不同确定，并可结合后序工程量校核需要适当增加同一项目名称下的项目编码。如"挖基坑土方"清单项目，可根据土方开挖的深度、基坑底面积的大小、校核工作需要参照独立基础或桩承台编号按照一定的规则从 010101004001、010101004002 等依次编码。

当采用"小开挖"时基坑与基坑、基坑与沟槽紧凑相邻、大部分土体均受到扰动时，基础土方工程施工应考虑直接采用"大开挖"的施工方案。一般考虑反铲挖掘机械(斗容量可选 1m³ 左右)开挖，同时根据现场堆放条件确定土方是现场堆置还是采用自卸汽车外运。采用"大开挖"时，坑底面积≤150m² 时，清单项目名称为"挖基坑土方"；坑底面积>150m² 时，清单项目名称为"挖一般土方"。项目编码数量可根据定额组价需要，按照项目特征的不同确定。

随着人工工资水平的调整提升，施工方案中采用人工开挖基坑土方的越来越少，一般土方工程均优先考虑机械化施工配以适当的人工修坡整平。基础土方施工时，越来越多的工程项目采用土方机械"大开挖"的施工方案。

土方基础
清单列项

2. 案例项目——土方及基础分部的清单列项

附录 2 案例项目基础分部的结构施工图主要有"承台平面布置图""承台梁平法施工图"等，可与建筑施工图中"一层平面图"一起，结合相关施工说明(清单列项时，施工说明的相关图纸是项目特征描述的主要依据之一)、《房屋建筑与装饰工程工程量计算规范》(GB 50854—2013),编制土方工程及基础分部的相关分项工程量清单,列项分析如表 4.1 所示。

表 4.1　土方及基础分部的工程量清单列项分析

项目编码	项目名称	列项及计算图纸依据	列项注意事项
01010100100×	平整场地	一层平面图 (含相关施工说明,下同)	根据平整场地的计算规则,依据建筑施工图中的"一层平面图"进行清单编制,与其他土方清单项目的依据图纸有明显不同
01010100200×	挖一般土方		多用于"大开挖"的清单列项
01010100300×	挖沟槽土方		多用于"小开挖"的清单列项
01010100400×	挖基坑土方		多用于"小开挖"的清单列项
01050100100×	垫层		根据组价需要,垫层厚度不同时适宜分开列项
01050100500×	桩承台基础	承台平面布置图 (基础平面布置图)	结合校核工程量需要,不同编号承台宜分开列项
01050100600×	设备基础		对应电梯井坑下的筏板基础
01050200100×	矩形柱		对应承台顶面标高至±0.000 之间的矩形柱。基坑回填方计算时,只需扣减承台顶面标高至室外地坪标高之间的矩形柱(通常不单独列项)工程量
01050400100×	直形墙		对应电梯井坑四周的混凝土墙
01040100100×	砖基础	承台梁平法施工图	基础梁顶标高与±0.000 之间有差值,对应一层建筑平面图中有墙体的部位,在基础梁上设有"砖基础";当工程采用墙下条形基础时,"砖基础"列项更为常见
01050300100×	基础梁		
01010300100×	回填方	承台平面布置图 (基础平面布置图),承台梁平法施工图,一层平面图	包括至少两个"回填方"的清单列项,一是基坑与沟槽部分在基础施工完成后的回填方,填挖至室外地坪标高,简称"基坑回填方";二是室内外高差部分扣除室内地坪构造层厚度所需要的回填方,简称"室内回填方"

当项目图纸采用混凝土独立基础时,基础的清单为 01050100300×独立基础;当项目图纸采用筏板基础时,基础的清单为 01050100400×满堂基础,对应挖土方清单项目多为"挖一般土方"。

4.3　桩基工程分部清单列项

工程桩按照桩的制作方法不同,分为预制桩和灌注桩两大类。桩基工程主要根据项目图纸的桩的类型,对照《房屋建筑与装饰工程工程量计算规范》(GB 50854—2013),依据预制桩的截面形状(方柱、管桩、空心方桩等)、打桩方式(锤击沉桩或静力压桩)和灌注桩的成孔方式进行桩基清单列项。

案例项目(附录2,余同)桩基分部的结构施工图主要有"桩平面布置图",可结合相关施工说明、《房屋建筑与装饰工程工程量计算规范》(GB 50854—2013)及桩基图集,编制桩基分部的相关分项工程量清单,列项分析如表 4.2 所示。

桩基工程
清单列项

表 4.2　桩基工程分部清单列项分析

项目编码	项目名称	列项及计算图纸依据	列项注意事项
01030100200×	预制钢筋混凝土管桩(试验桩)		桩长不同时需考虑分开列项;当试验桩兼做工程桩时,可分开列项
01030100200×	预制钢筋混凝土管桩		除"试验桩"外的其他桩,桩长不同时需考虑分开列项
01030100400×	截(凿)桩头	桩平面布置图(含相关施工说明)	预制桩因为地下不可预见的因素桩顶打不到设计标高时,需要将在桩顶设计标高以上的部分截桩。招标工程量清单编制时,可暂按总桩数的 5% 考虑截桩根数
01050700700×	其他构件		现浇混凝土其他构件是桩平面布置图上主要针对桩顶与承台连接,在桩芯灌入的深度为 2 500mm 的 C40 微膨胀混凝土
01051500400×	钢筋笼		主要针对桩顶与承台连接的钢筋笼
01051600200×	预埋铁件		主要针对桩顶灌芯混凝土底部的钢托板

需要特别指出的是,根据《建设工程费用定额》的规定,桩基工程与其他建筑工程的管理费、利润费率不同,当工程项目采用桩基础时,桩基工程需要作为一个单位工程单独计算其工程造价。

【任务思考】

任务 5 钢筋混凝土工程清单列项

±0.000 以下的混凝土及钢筋混凝土构件的清单列项参照任务 4 表 4.1 中的相关子目进行,本任务介绍±0.000 以上的钢筋混凝土柱、墙、梁、板、楼梯、钢筋等的清单列项。

5.1 混凝土及钢筋混凝土构件清单列项

5.1.1 钢筋混凝土柱清单列项

1. 钢筋混凝土柱清单列项影响因素

钢筋混凝土柱、有梁板等混凝土构件的清单列项,除了需考虑各构件的项目特征所规定的混凝土强度等级、混凝土种类等因素外,还需考虑与混凝土构件相关的钢筋、模板的工程量计算要求。

钢筋混凝土构件中的钢筋、模板工程量有两种常规算法。第一种是比较精确的算法,即钢筋按照其下料长度计算各种规格的钢筋用量;模板按照混凝土构件与模板的接触面积计算模板工程量。第二种是按《江苏省建筑与装饰工程计价定额》附录一"混凝土及钢筋混凝土构件模板、钢筋含量表"计算模板及钢筋工程量。毕业设计时,需仔细阅读任务书要求,确定模板、钢筋工程量的计算方法。本书模板、钢筋工程量均采用第二种"含量表"计算法。

《江苏省建筑与装饰工程计价定额》附录一"混凝土及钢筋混凝土构件模板、钢筋含量表"中按照柱的截面形状、柱的类型、柱的截面周长提供了其含模量、含钢量的参考量值,如表 5.1 所示。

2. 案例项目——混凝土柱清单列项

混凝土柱清单列项时,通常需要结合柱混凝土强度等级、混凝土种类、柱的截面形状及周长、柱高度 4 个主要因素进行列项。其中,柱高度主要区分柱净高在 3.6m 以内、5m 以内、8m 以内几种情况。定额规定,当柱、梁、墙、板的支模高度超过 3.6m 时,其钢支撑、零星卡具及模板人工需乘以定额规定的系数。

混凝土柱
清单列项

根据案例项目的"结构施工图设计总说明(一)",在"主要材料"部分可以查阅到本项目混凝土强度等级信息,如表 5.2 所示。

表 5.1 现浇混凝土及钢筋混凝土柱含模量、含钢量表(节选)

分类	项目名称			混凝土计量单位	含模量/m²	含钢筋量/(t/m³)	
						φ12mm 以内	φ12mm 以外
柱	矩形柱	断面周长在	1.60m 以内	m³	13.33	0.038	0.088
			2.50m 以内	m³	8.00	0.050	0.116
			3.60m 以内	m³	5.56	0.052	0.122
			5.00m 以内	m³	3.89	0.056	0.131
			5.00m 以外	m³	3.00	0.060	0.140
		构造柱		m³	11.10	0.038	0.088
		框架柱接头		m³	7.00	0.028	0.065
	圆柱、多边形柱周长在		1.50m 以内	m³	11.43	0.040	0.093
			2.50m 以内	m³	6.67	0.042	0.098
			4.00m 以内	m³	4.00	0.045	0.105
			4.00m 以外	m³	2.67	0.048	0.112
	T、L、+异形柱每边宽在		500mm 以内	m³	13.33	0.048	0.112
			500mm 以外	m³	12.00	0.048	0.112

表 5.2 混凝土强度等级

部位	基础、电梯井基础	柱(承台顶至 4.45)	柱(4.45 以上)	梁、板、楼梯立柱及楼梯相关构件	圈梁、构造柱、门窗框及压顶
基础~屋面	C30	C35	C30	C30	C25

注:(1) 本工程采用的混凝土为预拌混凝土。

(2) 基础垫层混凝土强度等级为 C15,基础垫层厚度除注明外均为 100,每边宽出基础 100mm。

(3) 采用省标、国标图集的,混凝土强度等级按图集要求采用。

(4) 混凝土外墙体及电梯基坑四周混凝土墙体采用抗渗混凝土,混凝土抗渗等级为 P6。

由表 5.2 可见,柱的混凝土强度等级以标高 4.45m 为界,承台顶至标高 4.45m,柱混凝土强度等级为 C35;标高 4.45m 以上,柱的混凝土强度等级为 C30。柱的清单列项首先应考虑不同楼层混凝土强度等级的差异。其次,根据项目的"框架柱平面布置图",该项目柱从截面形状上分,均为矩形柱,柱净高均大于 3.6m,按照后序模板、钢筋按含量表计算的需求,应区分柱断面周长进行列项。按照"从左到右,从上到下"的读图思路,依次可见周长在 2.5m 以内、周长在 3.6m 以内、周长在 1.6m 以内的三种规格的混凝土柱。

为了便于校核楼层构件工程量,在满足上述基本要求的前提下,矩形柱按不同楼层区分列项,见表 5.3。

表 5.3　案例项目现浇混凝土柱清单列项分析表

项目编码（规范）	项目名称	图纸依据	楼层	项目编码	列项注意事项
01050200100×	矩形柱	框架柱平面布置图(含相关施工说明)	基础层	010502001001	1. 混凝土强度：C35； 2. 混凝土种类：预拌混凝土非泵送（也可采用预拌泵送的施工方案）； 3. 柱周长：2.5m 以内
				010502001002	1. 混凝土强度：C35； 2. 混凝土种类：预拌混凝土非泵送； 3. 柱周长：3.6m 以内
			一层（C35）	010502001003	1. 混凝土强度：C35； 2. 混凝土种类：预拌混凝土非泵送； 3. 柱周长：2.5m 以内
				010502001004	1. 混凝土强度：C35； 2. 混凝土种类：预拌混凝土非泵送； 3. 柱周长：3.6m 以内
				010502001005	1. 混凝土强度：C35； 2. 混凝土种类：预拌混凝土非泵送； 3. 柱周长：1.6m 以内 （主要针对楼梯 TZ）
			二层（C30）	010502001006	1. 混凝土强度：C30； 2. 混凝土种类：预拌混凝土非泵送； 3. 柱周长：2.5m 以内
				010502001007	1. 混凝土强度：C30； 2. 混凝土种类：预拌混凝土非泵送； 3. 柱周长：3.6m 以内
				010502001008	1. 混凝土强度：C30； 2. 混凝土种类：预拌混凝土非泵送； 3. 柱周长：1.6m 以内
			三～七层（C30）	01050200100×	根据上述项目特征要求顺序列项

5.1.2　混凝土有梁板的清单列项

有梁板的
清单列项

　　工程实践中,现浇钢筋混凝土梁与板整体浇筑在一起,清单编制中,梁和板的工程量合并计算,列项时,通常按"有梁板"列项。

　　考虑按计价定额的"含模量、含钢量表"测算相关分项工程量,混凝土板在清单列项时,需考虑板的类型、板的厚度等因素,如表 5.4 所示。对于常见的有梁板,当同一楼层结构板厚度有 100mm 以内、200mm 以内两种规格时,同一层的有梁板应区分板厚分开列项。

表 5.4　现浇混凝土及钢筋混凝土板含模量、含钢量表(节选)

分类	项目名称		混凝土计量单位	含模量/m²	含钢筋量/(t/m³)	
					$\phi 12mm$ 以内	$\phi 12mm$ 以外
板	有梁板	100mm 以内	m³	10.70	0.030	0.070
		200mm 以内	m³	8.07	0.043	0.100
		200mm 以外	m³	5.00	0.043	0.100
		阶梯教室、体育看台	m³	6.00(9.00)	0.036	0.084
	无梁板		m³	4.60	0.032	0.074
	平板	100mm 以内	m³	12.06	0.076	—
		100mm 以内	m³	8.04	0.066	—
	刚性屋面		10m³	0.10	0.011	—
	拱形板		m³	12.00	0.021	0.049

参照现浇混凝土柱的列项因素,从混凝土强度等级、混凝土种类、板厚、有梁板的支模高度等方面综合考虑有梁板的清单列项。由表 5.2 可知,案例项目梁板混凝土的强度等级均为 C30;从项目各层结构平面图可见,二层板厚有 120mm、150mm 厚两种规格,其他层板厚主要为 120mm 一种规格,参照表 5.4,板厚均在 200mm 以内,对有梁板的清单列项不产生影响。根据各层层高数据,各层有梁板模板的支撑高度均大于 3.6m 而小于 5m。为了便于进行楼层工程量校核,按楼层进行有梁板清单列项如表 5.5 所示。

表 5.5　案例项目现浇混凝土有梁板清单列项分析表

图纸依据	项目编码(规范)	项目名称	楼层	项目编码	列项注意事项
结构平面图＋梁平法施工图(含相关施工说明)	01050500100×	有梁板	二层	010505001001	1. 针对梁、板顶面基本标高为 4.45m 的结构平面图和梁平法施工图; 2. 混凝土强度等级 C30(下同); 3. 预拌混凝土非泵送(下同)
			三层	010505001002	梁、板顶面基本标高为 8.25m
			四层	010505001003	梁、板顶面基本标高为 12.05m
			五层	010505001004	梁板顶面基本标高 15.85m
			六层	010505001005	梁板顶面基本标高 19.65m
			屋面层	010505001006	梁板顶面基本标高 23.45m
			局部七层屋面	010505001007	梁板顶面基本标高 27.65m

5.1.3　楼梯工程清单列项

楼梯是多高层建筑的垂直交通运输设施,其清单编制涉及多张建筑施工图、结构施工图及楼梯建筑和结构详图,清单列项时,如果楼梯混凝土强度等级均相同,可不分楼梯编号、不分楼层,采用同一清单项目编码,见表5.6。

表 5.6 混凝土楼梯清单列项分析表

项目编码	项目名称	列项及计算图纸依据	列项注意事项
01050600100×	直形楼梯	各层平面图(建施),建筑大样图一、二,楼梯剖面详图(结施)	针对1#、2#、3#、4#楼梯,全楼层。 1. 混凝土强度:C30; 2. 预拌混凝土非泵送
备注	也可区分不同楼梯编号进行楼梯清单项目编码		

5.1.4 其他常见混凝土构件清单列项

其他构件
清单列项

以案例项目第一层相关图纸为例,混凝土构件所在标高范围为−0.05∼4.45m。

一层其他常见的混凝土构件主要有:雨篷、雨篷梁、构造柱、圈梁、过梁、窗台压顶以及散水、坡道、台阶等。一层其他常见混凝土构件清单列项分析见表5.7所示。

表 5.7 一层其他常见混凝土构件清单列项分析表

项目编码	项目名称	列项及计算图纸依据	列项注意事项
010507001001	散水	一层平面图(建施)	每个项目只列1个清单,项目特征描述注明图集编号、页码等信息
010507001002	坡道		
010507004001	台阶		
010503005001	过梁	一层平面图(建施),1—1剖面图,立面图,二层梁平法施工图,结构设计总说明	1. 根据二层梁平法施工图、窗顶标高等判别过梁是否需要单独设置; 2. 窗两侧与框架柱、窗加强框相连时,过梁只能采用现浇过梁。根据结构施工图设计总说明(二),门窗洞口宽度大于1 500mm时,应采取钢筋混凝土框加强; 3. 混凝土强度:C25; 4. 预拌非泵送
010510003001	过梁		1. 窗顶标高与二层框架梁底标高大于240mm且门窗两侧无钢筋混凝土竖向构件时,采用预制过梁; 2. 现场预制过梁; 3. 混凝土强度:C25; 4. 预拌非泵送
010507005001	压顶	结构设计总说明(二)	1. 断面尺寸:240mm×120mm; 2. 混凝土强度:C25; 3. 预拌非泵送

续表

项目编码	项目名称	列项及计算图纸依据	列项注意事项
01050200200×	构造柱	承台梁平法施工图,一层平面图(建施),二层梁平法施工图	1. 一层墙体中的构造柱(GZ)标注在"承台梁平法施工图"中,有些工程项目标注在"基础平面布置图"中,构造柱的标高区间从承台梁顶至二层框架梁(基本标高 4.45m)底面; 2. 可以按照构造柱的截面尺寸不同分开列项,也可以合并列项。构造柱侧面留槎面数需结合一层平面图(建筑)确定; 3. 混凝土强度:C25; 4. 预拌非泵送
01050500800×	雨篷	二层结构平面图,二层平面图(建施),YP详图	1. 混凝土强度:C30; 2. 预拌非泵送; 3. 计算范围:雨篷梁外侧以外的水平投影范围; 4. 雨篷(YP)底板厚度不同时按平均厚度计算底板混凝土工程量; 5. 多个雨篷可以合并成一个清单项目
01050300200×	矩形梁(雨篷梁)	二层结构平面图(基本标高 4.45m)	1. 混凝土强度:C30; 2. 预拌非泵送; 3. 从雨篷结构详图中判别雨篷梁(YPL)是单独设置还是与楼层框架梁合二为一。案例项目中雨篷梁底标高 2.8m,与一层层高 4.5m 比较可知,雨篷梁是单独设置的矩形梁; 4. 多个雨篷梁可以合并成一个清单项目
010508001001	后浇带	二层结构平面图,二层梁平法施工图,结构设计总说明(二)	1. 根据施工图中标注的后浇带宽度进行工程量计算; 2. 后浇带工程量包括划定范围内梁和板的混凝土工程量; 3. 根据结构设计说明规定,后浇带混凝土应采用比两侧混凝土强度等级高一级的补偿收缩混凝土; 4. 混凝土强度:C35 补偿收缩混凝土; 5. 预拌非泵送; 6. 按照结构设计规范规定,框架结构房屋只有单元长度大于 55m(框架结构住宅单元长度>40m)时才可能出现后浇带(或伸缩缝)的设置; 7. 混凝土墙、有梁板等设置后浇带时,在房屋底层至顶层的同一位置均同样设置

从第二层开始,其他常见的混凝土构件主要有构造柱、压顶、过梁、有水房间墙体底部的混凝土翻边(与梁板整体浇筑时,其工程量并入有梁板中)、后浇带等构件,参照上述分析进行构件的清单列项。

 注意

二层墙体中的构造柱设置通常标注在二层结构平面图(基本标高 4.45m)中,其他各层以此类推。

5.2 钢筋工程清单列项

在所有楼层、所有混凝土构件清单编制完成后，应顺序考虑钢筋工程清单列项。钢筋作为房屋结构使用的一种主要材料，其造价在房屋工程中占有举足轻重的地位。

根据已经编制出的各混凝土构件的工程量清单，参照《江苏省建筑与装饰工程计价定额》附录一“混凝土及钢筋混凝土构件模板、钢筋含量表”，手工计算时，可以使用 Excel 表依次计算出各混凝土构件中 $\phi12$ 以内的现浇构件钢筋工程量和 $\phi12$ 以外的现浇构件钢筋工程量。应用广联达等 BIM 计量计价软件时，可使用菜单中的“钢”菜单项，提取钢筋子目，选定不同构件的钢筋规格，估算各种混凝土构件不同规格钢筋工程量，如图 5.1 所示。将不同构件同一规格范围内的钢筋工程量进行汇总，即可对整体工程项目的钢筋工程量清单进行列项，见表 5.8。

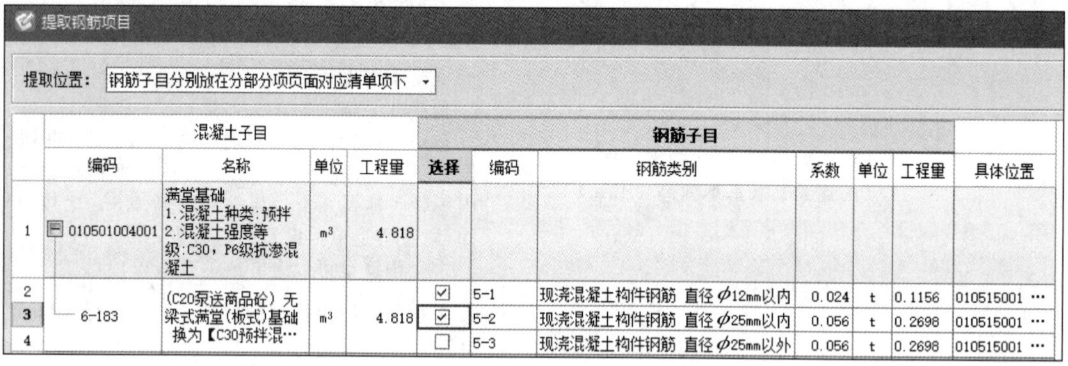
提取钢筋项目

提取位置：钢筋子目分别放在分部分项页面对应清单项下

	混凝土子目				钢筋子目						
	编码	名称	单位	工程量	选择	编码	钢筋类别	系数	单位	工程量	具体位置
1	010501004001	满堂基础 1. 混凝土种类：预拌 2. 混凝土强度等级：C30，P6级抗渗混凝土	m³	4.818							
2	6-183	(C20泵送商品砼）无梁式满堂(板式)基础 换为【C30预拌混…	m³	4.818	☑	5-1	现浇混凝土构件钢筋 直径 ϕ12mm以内	0.024	t	0.1156	010515001 …
3					☑	5-2	现浇混凝土构件钢筋 直径 ϕ25mm以内	0.056	t	0.2698	010515001 …
4					☐	5-3	现浇混凝土构件钢筋 直径 ϕ25mm以外	0.056	t	0.2698	010515001 …

图 5.1 利用计价软件提取混凝土构件的钢筋工程量

表 5.8 钢筋工程清单列项分析表

项目编码	项目名称	列项工程量计算依据	列项注意事项
010515001001	现浇构件钢筋	各混凝土构件清单，《江苏省建筑与装饰工程计价定额》附录一“混凝土及钢筋混凝土构件模板、钢筋含量表”	1. 钢筋种类：HRB400 级； 2. 钢筋规格：$\phi12$ 以内； 3. 混凝土构件中 $\phi12$ 以内钢筋合并成一项进行列项
010515001002	现浇构件钢筋		1. 钢筋种类：HRB400 级； 2. 钢筋规格：$\phi12$ 以外； 3. 混凝土构件中 $\phi12$ 以外钢筋合并成一项进行列项
010515003001	钢筋网片	工程做法列表（建施）	1. $\phi4@150$ 双向钢筋网片； 2. 针对“工程做法列表”中“屋面 1”：40mm 厚 C30 细石混凝土刚防层中的钢筋网片工程量

【任务思考】

任务 **6** **砌筑、门窗、屋面防水及保温工程清单列项**

6.1 砌筑工程清单列项

　　±0.000 以上砌筑工程清单列项主要引用建筑施工图中的各层平面图进行分析。砌筑工程中块材、砂浆的信息在建筑施工图设计总说明、结构施工图设计总说明中均有描述,通常结构施工图设计总说明中描述得更加细致、全面。

　　案例工程中砌体材料的相关信息可从结构施工图设计总说明(一)中得到,如表 6.1 所示。从表 6.1 可见,±0.000 以上,女儿墙部分所用的块材和砂浆与其他楼层明显不同。房屋的一～七层,外墙和内墙使用的块材和砂浆均相同,为方便校核工程量,每一层的外墙和内墙仍分开列项。砌筑工程清单工程量计算是房屋建筑所有清单编制中较为复杂的项目之一,需要应用到较多的建筑及结构施工图纸。项目中案例项目±0.000 以上的砌筑工程清单列项如表 6.2 所示。

砌筑工程
清单列项

表 6.1　砌体材料

材　料	±0.00 以下砌体	±0.00 以上填充墙、自承重墙		砌体施工质量控制等级
	与土壤接触的砌体	外墙(内墙)	女儿墙	
砌块	MU20 混凝土普通砖	240mm 厚 MU10 煤矸石烧结多孔砖	240mm 厚 MU15 混凝土普通砖	B 级
容重	≤1 900kg/m³	≤1 200kg/m³	≤1 900kg/m³	
砂浆	M10 水泥砂浆	Mb5.0 混合砂浆	Mb7.5 混合砂浆	

　　注:(1)砌体填充墙砌筑构造,应满足国标图集《砌体填充墙结构构造》(12G614)的要求。

　　　　(2)烧结煤矸石多孔砖质量等级应符合《烧结空心砖和空心砌块》(GB 13545—2014)中的 B 级要求。

　　　　(3)本工程采用的砂浆均为预拌砂浆;当混凝土砌块采用专用砂浆时应符合《墙体材料应用统一技术规范》(GB 50574—2010)第 2.2 条要求。

表 6.2　±0.000 以上砌筑工程清单列项分析表

项目编码	项目名称	列项及计算图纸依据	列项注意事项
010401004001	多孔砖墙（一层外墙）	一～六层平面图（建施），框架柱平面布置图，二层～屋面梁平法施工图，承台梁平法施工图，二～七层结构平面图，门窗表（一、二）（建施），建筑施工图设计总说明，结构施工图设计总说明	1. 按照楼层区分外墙、内墙分别列项； 2. 应用每一层的相关图纸，按照从左到右、从下到上的顺序分析
010401004002	多孔砖墙（一层内墙）		
010401004003	多孔砖墙（二层外墙）		
010401004004	多孔砖墙（二层内墙）		
01040100400×	多孔砖墙（三～七层外墙、内墙顺序列项）		
010401003001	实心砖墙（女儿墙）		

6.2　门窗工程清单列项

门窗工程是房屋建筑招标工程量清单编制中一项较为常见的工程项目，对房屋工程造价的影响也比较大。清单列项及编制时，需要仔细阅读建筑施工图中的平面图、立面图、剖面图及门窗详图（门窗表），区分不同的门窗类型及材料类别进行清单列项。

案例项目中第一层门窗的清单列项分析见表 6.3。其他各层门窗清单参照第一层进行列项分析。

表 6.3　第一层门窗清单列项分析表

项目编码	项目名称	列项及计算图纸依据	列项注意事项
01080100400×	木质防火门	一层平面图，门窗表及门窗大样图	针对木质乙级防火门 YFM1218、YFM1222，按照项目特征描述需求，可区分门的编号及规格分开进行列项
01080200100×	金属门		针对铝合金平开门 M0922、M1528 以及铝合金门连窗 MLC1，按照项目特征描述需求，可区分门的编号及规格分开进行列项
01080700100×	金属（塑钢、断桥）窗		针对铝合金推拉窗 C1020、C1520、C1570、C3320、C1 及消防救援窗 JYC1570、JYC3320 等，按照项目特征描述需求，可区分窗的编号及规格分开进行列项

6.3 屋面及防水工程清单列项分析

房屋屋面及厨房、卫生间及其他与水经常接触的房间会出现此类清单列项。清单列项的主要依据是建筑施工图中的"工程做法列表"。案例工程中与"屋面及防水工程"相关的清单列项分析如表 6.4 所示。

表 6.4　屋面及防水工程清单列项分析表

项目编码	项目名称	列项及计算图纸依据	列项注意事项
01090200100×	屋面卷材防水	屋顶平面图,机房层屋顶平面图,工程做法列表	4mm 厚 APP 防水卷材
01090200300×	屋面刚性层		40mm 厚 C30 细石混凝土(内配 $\phi4@150$ 双向钢筋)
01090200800×	屋面变形缝		见屋顶平面图屋面伸缩缝做法标注
01090300400×	墙面变形缝	一层平面图,二层平面图等	见一、二层平面图③、④轴位置伸缩缝做法标注,包括楼地面伸缩缝、内外墙墙面伸缩缝及顶棚伸缩缝
01090400400×	楼(地)面变形缝		
01090400200×	楼(地)面涂膜防水	工程做法列表等	一楼卫生间地面及其他层卫生间楼面

6.4 保温隔热工程清单列项

建筑屋面、民用建筑外墙、地下室外墙一般设置有保温隔热的相关构造。保温隔热工程需要仔细阅读建筑施工图中的"工程做法列表",对照相关图纸和《房屋建筑与装饰工程工程量计算规范》(GB 50854—2013)进行清单列项。

案例工程中保温隔热工程的清单列项分析见表 6.5。

表 6.5　保温隔热工程清单列项分析表

项目编码	项目名称	列项及计算图纸依据	列项注意事项
011001001001	保温隔热屋面	工程做法列表(屋面 1),屋顶平面图+机房顶平面图	MLC 轻质混凝土找坡,最薄处 100mm;按照屋面排水坡度确定轻质混凝土找坡层的平均厚度
011001003001	保温隔热墙面	工程做法列表(电梯基坑墙身)	50mm 厚聚苯乙烯泡沫塑料板保护层

案例项目为科研车间,属于工业建筑,外墙节能保温要求较低,从"工程做法列表""外墙1"构造层次分析可知,外墙未设置保温隔热构造层。

【任务思考】

任务 7 装饰工程清单列项

7.1 楼地面装饰工程清单列项

楼地面装饰工程通常包括底层地坪和其他层楼面的装饰构造。土建装饰装修中,楼地面面层通常分为两大类:整体面层和块料面层。整体面层楼地面常见的有水泥砂浆楼地面、现浇水磨石楼地面、细石混凝土楼地面、自流坪楼地面等。块料面层楼地面常见的有石材楼地面、块料楼地面等。施工图中,不同的工程项目根据使用功能要求进行楼地面工程做法设计与选择。

楼地面
清单列项

案例工程中,根据"工程做法列表",楼地面工程的清单列项分析见表 7.1。

表 7.1 楼地面工程清单列项分析表

项目编码	项目名称	列项及计算图纸依据	列项注意事项
011101001001	水泥砂浆楼地面	工程做法列表(楼面 4),屋顶平面图	针对局部七层电梯机房楼面
011101001002	水泥砂浆楼地面	工程做法列表(地面 1),一层平面图	针对一层车间地面,原浆结面通常列项为水泥砂浆楼地面
011101003001	细石混凝土楼地面	工程做法列表(楼面 1),二～六层平面图	针对二～六层车间楼面
011101003002	细石混凝土楼地面	工程做法列表(电梯井坑底板),一层平面图	针对电梯井坑地面
011101006001	平面砂浆找平层	工程做法列表(屋面 1),六、七层平面图	针对屋面找平层
011101006002	平面砂浆找平层	工程做法列表(电梯井坑底板),承台平面布置图	针对电梯井坑底板下找平层
011102003001	块料楼地面	工程做法列表(地面 3),一层平面图	针对楼梯间、电梯间地面等
011102003002	块料楼地面	工程做法列表(地面 2),一层平面图	针对一层卫生间地面等
011102003003	块料楼地面	工程做法列表(楼面 3),二～六层平面图	针对二～六层楼梯间楼面等
011102003004	块料楼地面	工程做法列表(楼面 2),二～六层平面图	针对二～六层卫生间楼面等
011105003001	块料踢脚线	工程做法列表(踢脚 1),一～六层平面图	针对一～六层楼梯间踢脚线等
011106002001	块料楼梯面层	工程做法列表(楼面 3),一～六层平面图	针对一～六层楼梯面层等

7.2　墙柱面装饰工程清单列项

墙柱面装饰工程通常包括内外墙面装饰及柱面装饰。案例图纸"工程做法列表"中列出了内外墙面的装饰做法。根据建施"工程做法列表"，墙柱面装饰工程的清单列项分析见表 7.2。

表 7.2　墙柱面装饰工程清单列项分析表

项目编码	项目名称	列项及计算图纸依据	列项注意事项
011201001001	墙面一般抹灰	工程做法列表（内墙 1），各层平面图，剖面图，门窗表（详图），各层结构平面图	针对楼梯间内墙面抹灰，全楼可不区分楼层列项
011201001002	墙面一般抹灰	工程做法列表（内墙 3），剖面图，立面图＋门窗表（详图），各层结构平面图	针对全楼卫生间内墙面抹灰
011201001003	墙面一般抹灰	工程做法列表（内墙 2），各层平面图，剖面图，门窗表（详图），各层结构平面图	针对全楼车间内墙面抹灰
011201001004	墙面一般抹灰	工程做法列表（外墙 1），各层平面图，立面图，门窗表（详图）	针对外墙 1 抹灰
011201001005	墙面一般抹灰	工程做法列表（外墙 2），各层平面图，立面图，门窗表（详图）	针对外墙 2 抹灰
011202001001	柱面一般抹灰	工程做法列表（内墙 1），各层平面图，框架柱平面布置图，各层结构平面图	针对全楼独立柱表面抹灰
011204003001	块料墙面	工程做法列表（内墙 3、平顶 2），各层平面图，剖面图，门窗表（详图）	针对卫生间墙面贴面

7.3　天棚装饰工程清单列项

天棚装饰常见做法有抹灰天棚和吊顶天棚等。施工图中，天棚装饰具体做法通常描述于建筑施工图的"工程做法列表"中。操作时，结合工程量清单计算规范的附录对天棚装饰工程进行清单列项。案例工程天棚装饰清单列项分析见表 7.3。

表 7.3　天棚装饰工程清单列项分析表

项目编码	项目名称	列项及计算图纸依据	列项注意事项
011301001001	天棚抹灰	工程做法列表（平顶 1），各层平面图，剖面图，各层梁平法施工图	针对除卫生间以外的房间，全楼可不区分楼层列项
011301001002	天棚抹灰	工程做法列表（平顶 1），各层平面图，建筑大样图二、三	针对楼梯板底抹灰
011302001001	吊顶天棚	工程做法列表（平顶 2），各层平面图	针对卫生间吊顶

7.4 油漆、涂料工程清单列项

建筑工程中,油漆、涂料工程常用于内外墙抹灰面装饰、天棚抹灰面装饰。施工图中,油漆、涂料工程的具体做法常描述于建筑施工图的"工程做法列表"中。操作时,结合工程量清单计算规范的附录对油漆、涂料工程装饰工程进行清单列项。案例工程油漆、涂料工程清单列项分析见表 7.4。

表 7.4 油漆、涂料工程清单列项分析表

项目编码	项目名称	列项及计算图纸依据	列项注意事项
01140600100×	抹灰面油漆	工程做法列表(外墙 1),各层平面图,立面图,门窗表(详图)	针对外墙 1 墙面真石漆,米白色真石漆与深褐色墙面分开列项
011407001001	墙面喷刷涂料	工程做法列表(内墙 2),各层平面图,剖面图,门窗表(详图),各层结构平面图	针对全楼车间内墙抹灰面涂料
011407001002	墙面喷刷涂料	工程做法列表(电梯基坑内墙),承台平面布置图(电梯基坑剖面大样)	针对电梯基坑内墙面涂料饰面

【任务思考】

任务 8 措施项目清单列项

8.1 措施项目清单概述

措施项目清单包括单价措施项目清单和总价措施项目清单。

单价措施项目是指在现行工程量清单计算规范中有对应工程量计算规则，按人工费、材料费、施工机具使用费、管理费和利润形式组成综合单价的措施项目。单价措施项目根据专业不同（建筑工程、安装工程、市政工程等）而不同，建筑与装饰工程中的单价措施项目有：脚手架工程、混凝土模板及支架（撑）、垂直运输、超高施工增加、大型机械设备进出场及安拆、施工排水、降水等。

总价措施项目是指在现行工程量清单计算规范中无工程量计算规则，以总价（或计算基础×费率）计算的措施项目。各专业可能发生的总价措施项目主要有：安全文明施工、夜间施工、二次搬运、冬雨季施工、已完工程及设备保护、临时设施、工程按质论价等、住宅分户验收等。

8.2 案例工程——措施项目清单列项分析

8.2.1 单价措施项目列项分析

由附录 2"建筑施工图设计总说明"可知，案例工程为六层（局部七层）钢筋混凝土框架结构，檐口高度 23.8m，建筑面积约 12 800m²。该案例采用的常规施工方案为：混凝土构件均采用复合木模板；土方工程采用机械化施工，包括平整场地使用的推土机、基坑土方开挖使用的反铲挖掘机、土方回填采用的碾压机械等；垂直运输机械主要采用塔式起重机。案例工程需考虑的单价措施项目清单列项综合分析如表 8.1 所示。混凝土构件模板按照《江苏省建筑与装饰工程计价定额》附录一"混凝土及钢筋混凝土构件模板、钢筋含量表"确定工程量。

单价措施项目列项

表 8.1 单价措施项目清单列项分析表

项目编码	项目名称	列 项 依 据	列项注意事项
011701	脚手架		
011701001001	综合脚手架	建筑施工图设计总说明，各层建筑平面图，剖面图（建筑面积计算时用于层高分析）	以"建筑面积"计算工程量，"综合脚手架"适用于多层框架结构

续表

项目编码	项目名称	列项依据	列项注意事项
011702	模板		
01170200100×	基础模板	混凝土桩承台基础、垫层、电梯等设备基础的清单编制结果	垫层模板与桩承台模板分开列项
01170200200×	矩形柱模板	不同楼层、不同类型、不同截面混凝土柱清单编制结果	对应矩形柱清单列项进行柱模板清单列项
01170200300×	构造柱模板	不同楼层混凝土构造柱清单编制结果	构造柱模板可按不同楼层分开列项
011702005001	基础梁模板	基础梁混凝土清单编制结果	
011702008001	圈梁模板	圈梁混凝土清单编制结果	对应基础墙顶部的圈梁
011702009001	过梁模板	过梁混凝土清单编制结果	对应各楼层门窗洞口顶部过梁
01170201100×	直形墙模板	直形墙混凝土清单编制结果	电梯井坑四周直形墙模板与局部七层混凝土女儿墙模板分开列项
01170201400×	有梁板模板	混凝土有梁板清单编制结果	不同楼层有梁板模板分开列项;有梁板模板支撑高度不同分开列项
011702023001	雨篷模板	混凝土雨篷清单编制结果	
011702024001	楼梯模板	楼梯混凝土清单编制结果	
011702025001	其他现浇构件模板	混凝土压顶清单编制结果	针对各楼层混凝土压顶模板
011702027001	台阶模板	混凝土台阶清单编制结果	
011702029001	散水模板	混凝土散水清单编制结果	
011702030001	后浇带模板	混凝土后浇带清单编制结果	
011703	垂直运输机械		
011703001001	垂直运输	根据常规施工方案确定"垂直运输"清单列项;依据《建筑安装工程工期定额》(TY 01-86—2016),根据房屋的层数、总的建筑面积、项目所在地区类别以日历天计算工程量	房屋层数以建筑物自然层数计算,出屋面的楼(电)梯间不计算层数
011704	超高施工增加		
01170400100×	超高施工增加	按檐口高度超过20m部分或层数超过六层部分的建筑面积计算	根据计价的需要,超过部分层高不同时按楼层分开列项
011705	大型机械设备进出场及安拆		
01170500100×	大型机械设备进出场及安拆	以"项"为单位	通常需考虑的大型机械有:推土机和挖掘机等土方施工机械、打桩机械、垂直运输机械(塔吊)等

是否存在"施工排水、施工降水"等单价措施项目清单,需分析土方开挖深度及地质勘探资料中的地下水文信息等因素综合确定。

8.2.2 总价措施项目列项分析

根据工程自身特点及工程所在地区特点,结合常规施工方案和施工组织措施进行列项,案例工程的总价措施项目列项如表 8.2 所示。

表 8.2 总价措施项目清单列项分析表

项目编码	项目名称	列项及计算图纸依据	列项注意事项
011707001001	安全文明施工费	工程施工安全文明施工基本费,市级二星级标化工地增加费,扬尘污染防治增加费	一般土建工程均需考虑
011707010001	按质论价	创建市优工程	不创建市优、省优工程不计列
011707008001	临时设施	按施工组织设计确定	一般土建工程均需考虑
011707012001	建筑工人实名制	依据《江苏省住房城乡建设厅关于建筑工人实名制费用计取方法的公告》〔2019〕第 19 号	一般建筑工程均需考虑。建筑工人实名制费用包含:封闭式施工现场的进出场门禁系统和生物识别电子打卡设备

【任务思考】

任务 9 运用BIM软件编制首层柱、有梁板及楼梯清单

在按照图纸和《房屋建筑与装饰工程工程量计算规范》(GB 50854—2013)分析了案例项目的清单列项内容后，通常采用 BIM 软件编制项目的招标工程量清单。

9.1 新建工程

应用广联达 BIM 土建计量软件，新建工程如图 9.1 所示。注意清单规则、定额规则和钢筋规则的正确选用。

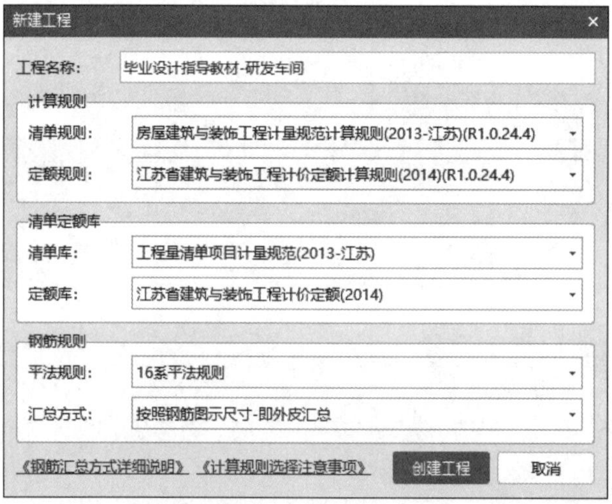

图 9.1　新建工程

根据附录 2 案例项目图纸，在“工程设置”菜单下完善“工程信息”。

9.2 楼层设置

楼层设置直接影响着 BIM 软件计量的准确性。楼层设置的参数主要取自基础埋深及各层的层高信息。基础埋深信息查阅基础平面定位图及基础详图(案例项目图名为承台平面布置图及注释)，其他楼层信息通常查阅建筑剖面图。如图 9.2 所示，在“插入楼层”对话框中依次添加楼层并输入层高，使楼层数量与

BIM 建模——楼层设置

案例项目一致,即可完成楼层设置。同时按照施工图纸输入各层的材料信息。以混凝土为例,根据结构设计说明第 4.1 条,从基础顶至屋面,柱从基础顶至 4.45m 标高范围内,混凝土强度等级为 C35,圈梁、构造柱等非结构构件混凝土均为 C25,垫层混凝土为 C15,其余构件混凝土均为 C30。混凝土均采用预拌混凝土。将材料强度信息复制到其他楼层。

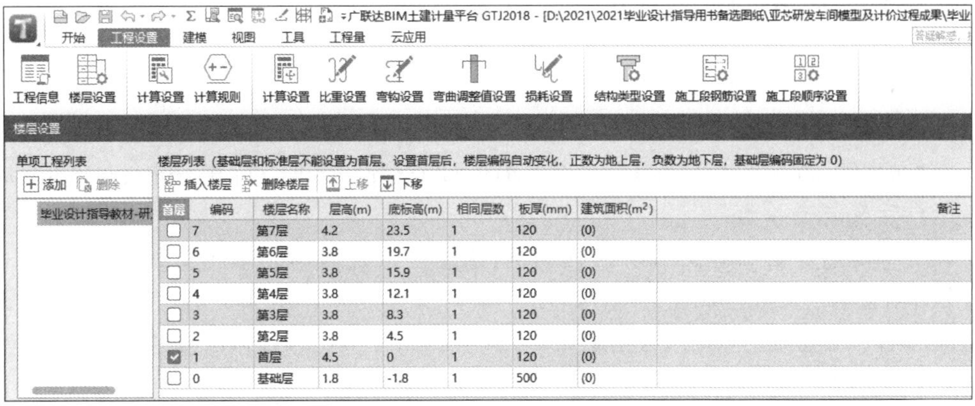

图 9.2　楼层设置

9.3　新建轴网

平面轴网与上述"楼层设置"共同构成了房屋构件定位的空间网格,直接影响各构件BIM 软件的清单编制结果。以案例项目 A 区局部轴网为例。在"导航树"→"轴网"→"新建正交轴网"中将下开间轴距分别设置为 9000、9000,左进深轴距分别设置为 8000、8000、8000、9000、9000,并依次完成上开间、右进深轴距输入,在绘图区布置轴网,如图 9.3 所示。

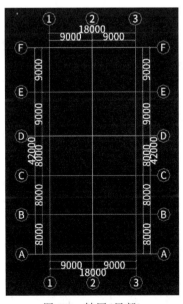

图 9.3　轴网(局部)

9.4 首层构件绘制并编制清单

在"建模"菜单中切换当前层至"首层"。

9.4.1 柱绘制及清单编制

主要依据结构施工图中的"框架柱平面布置图"与"结构设计说明"进行柱的定义与清单编制。

1. 柱定义与清单套用

识读"框架柱平面布置图",以 A 区为例,从左下角 A 轴与①轴相交处的 A-KZ1 开始。BIM 软件对柱的定义流程如图 9.4 所示,在"导航树"→"柱"中新建"矩形柱"(A-KZ1),在"属性编辑框"中输入矩形柱的截面尺寸信息(600mm×600mm),在"构件做法"→"添加清单"→"查询匹配清单"或"查询清单库"中找到"矩形柱"的对应清单,按照表 4.3 列项约定进行清单编码(010502001003),输入项目特征描述(混凝土种类:预拌非泵送;混凝土强度等级:C35),同时添加"柱周长"项目特征描述要素,方便后期用《江苏省建筑与装饰工程计价定额》附录中的"含钢量表、含模量表"计算混凝土构件钢筋及模板工程量。

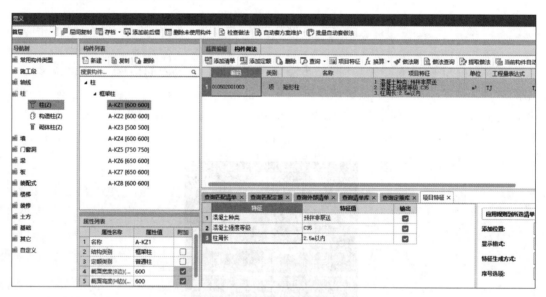

图 9.4 柱定义与清单套用

采用复制构件的方法依次完成 A 区所有框架柱的定义与清单套用。

按照表 4.3 约定,截面尺寸为 750mm×750mm 的 A-KZ5,其清单编码应为 010502001004。

2. 柱绘制与清单编制

柱的定位将影响框架填充墙体、梁及板等构件的工程量,影响门窗等构件的定位。因此,需要按照施工图纸在轴网上精准定位框架柱。将光标移至绘制的框架柱上,选中矩形柱(此时十字光标变成两个矩形框),右击,在弹出的对话框中选择"查改标注",按照"框架柱平面定位图",将柱精准定位,如图 9.5 所示,逐一完成上述操作,完成结果如图 9.6 所示。

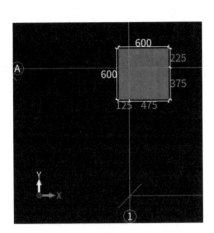

图 9.5 框架柱按图精准定位

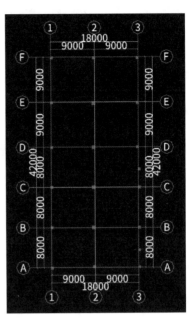

图 9.6 A 区柱精准定位完成图

单击菜单"工程量",选择"汇总计算",在出现的对话框中选择"首层""柱",单击"确定"按钮进入汇总计算。计算完成后,单击"查看报表",单击"土建报表量"即可得到如图 9.7 所示的清单编制结果。

序号	编码	项目名称	单位	工程量
1		实体项目		
2 ⊞ 1	010502001003	矩形柱 1.混凝土种类:预拌非泵送 2.混凝土强度等级:C35 3.柱周长:2.5m以内	m³	25.335
28 ⊞ 2	010502001004	矩形柱 1.混凝土种类:预拌非泵送 2.混凝土强度等级:C35 3.柱周长:3.6m以内	m³	10.1248

图 9.7 A 区矩形柱清单编制结果

9.4.2 有梁板绘制及清单编制

首层有梁板的定义与绘制,主要依据结构施工图中的"二层梁平法施工图"(图名下方注明,本结构层基本标高为 4.45m)、"二层结构平面图"与"结构设计说明"进行。依据相关梁板结构施工图中的标高,准确确定有梁板定义依据的图

BIM 建模——
有梁板

纸,对于按图建模、按图出量至关重要。

1. 梁的定义与清单套用

识读"二层梁平法施工图",以 A 区为例,从下方 A 轴 A-KL4(2)开始。BIM 软件对框架梁的定义流程如图 9.8 所示,在"导航树"→"梁"中新建"矩形梁"(A-KL4(2)),在"属性编辑框"中输入矩形梁的截面尺寸信息(250mm×750mm),在"构件做法"→"添加清单"→"查询清单库"中找到"有梁板"的对应清单,按照表 4.5 列项约定进行清单编码(010505001001)。

 注　意

此处不能套用"查询匹配清单"中的"矩形梁"。

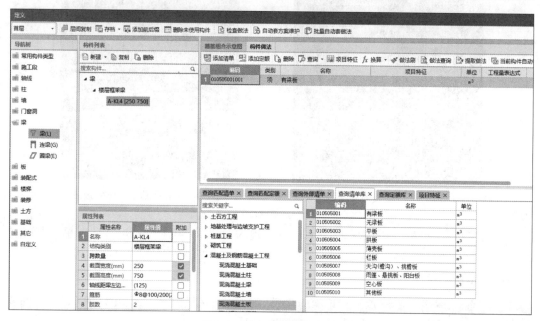

图 9.8　梁定义与清单套用

分析图纸,输入梁的项目特征描述(混凝土种类:预拌非泵送;混凝土强度等级:C30)。需要特别注意的是,图 9.8 中添加的工程量清单行"工程量表达式"为空白,此时需要单击该单元格,单元格右侧出现"▼"时,选择"体积",即完成框架梁清单套用及设置,见图 9.9。

	编码	类别	名称	项目特征	单位	工程量表达式	表达式说明
1	010505001001	项	有梁板	1.混凝土种类:预拌非泵送 2.混凝土强度等级:C30 3.板厚:小于200mm	m³	TJ	TJ<体积>

图 9.9　梁的清单设置

采用复制构件的方法依次完成 A 区所有框架梁的定义与清单套用。

按照"二层梁平法施工图",采用"直线"或智能布置中"轴线"画梁的形式绘制完成 A 区所有的梁,如图 9.10 所示。

单击菜单"工程量",选择"汇总计算",在出现的对话框中选择"首层""柱"及"梁",单击

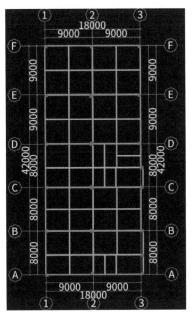

图 9.10　A区梁的绘制

"确定"按钮进入汇总计算。计算完成后,单击"查看报表",选择"土建报表量"即可得到如图 9.11 所示"有梁板"的清单编制结果。

此时的"有梁板"工程量仅仅是与首层结构板相连的"梁"部分的工程量。

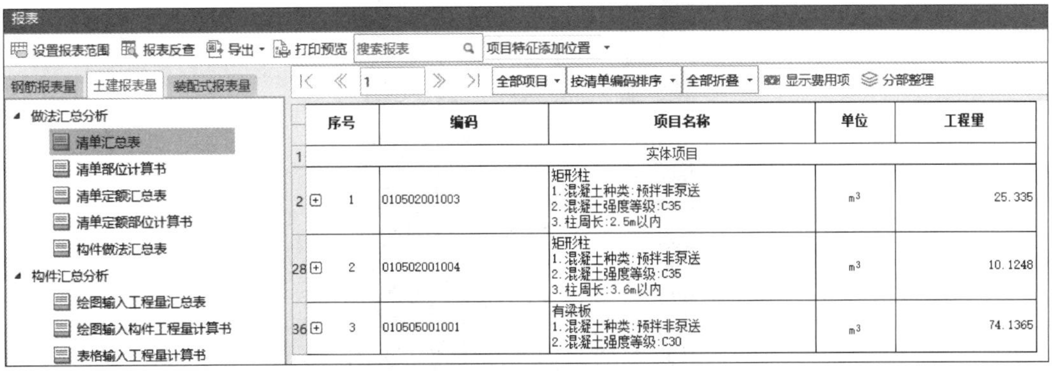

图 9.11　"有梁板"中"梁"部分的清单编制结果

2. 板的定义与清单套用

识读"二层结构平面图",由图名下方的注释可知,图中未注明的板厚均为 120mm。以 A 区为例,从左下方区格板逐一查阅,未见有不同板厚的原位标注。BIM软件对"板"的定义流程如图 9.12 所示,在"导航树"→"板"中新建"现浇板",在"属性编辑框"中输入板的厚度尺寸信息(120mm),在"构件做法"→"添加清单"→"查询匹配清单"中找到"有梁板"的对应清单,按照表 4.5 列项约定首层对有梁板进行统一清单编码(010505001001)。

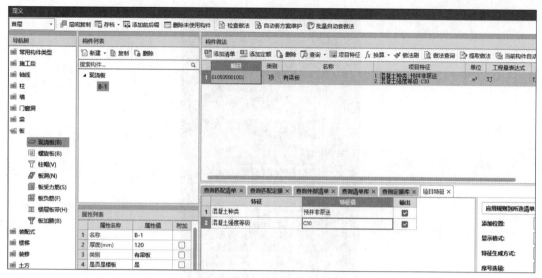

图 9.12　"板"的定义与清单套用

板的项目特征描述与梁相同。采用"矩形布置"的形式依次绘制各区格板,如图 9.13 所示。图中留下的两个洞口区域是结构平面图中 3、4 号楼对应的位置。

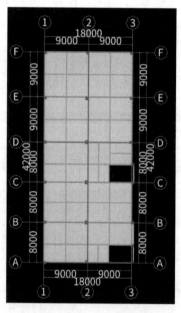

图 9.13　A 区板的绘制

二层结构平面图 A 区 A 轴线上,有剖切断面 A—A,从详图可见,A 轴梁局部有挑耳挑出,挑耳截面为 250mm×750mm,BIM 软件中,可以参照"梁"的定义及绘制进行,完成图如图 9.14 所示。

结合建筑平面图可知,挑耳间形成的空间是为布置立面的通窗留设,从一层平面图可见,此处通窗的编号分别是 JYC1570 和 C1570,结合其大样图可知,窗户的宽度为 1 500mm,窗户的高度为 7 000mm,窗底标高±0.000。窗的高度跨越了第一层层高 4.5m,

故 A 轴梁在此处需做挑耳挑出。

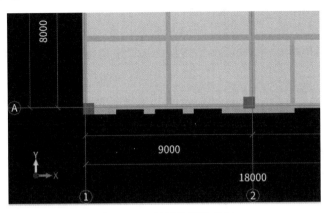

图 9.14　A 轴梁挑耳的绘制

单击 BIM 软件菜单"工程量",选择"汇总计算",即可得到如图 9.15"有梁板"的清单编制结果。

此时的"有梁板"工程量是首层"板"和"梁"的工程量合计。

	序号	编码	项目名称	单位	工程量
1			实体项目		
2	1	010502001003	矩形柱 1. 混凝土种类:预拌非泵送 2. 混凝土强度等级:C35 3. 柱周长:2.5m以内	m³	25.335
28	2	010502001004	矩形柱 1. 混凝土种类:预拌非泵送 2. 混凝土强度等级:C35 3. 柱周长:3.6m以内	m³	10.1248
36	3	010505001001	有梁板 1. 混凝土种类:预拌非泵送 2. 混凝土强度等级:C30	m³	150.14

图 9.15　首层"有梁板"的清单编制结果

9.4.3　楼梯绘制及清单编制

首层 A 区楼梯的定义与绘制,主要依据结构施工图中的"二层结构平面图"与"3 号、4 号楼梯详图"以及建筑施工图中的"3 号、4 号楼梯平面详图"、结合其剖面图(D—D)进行。根据结构设计说明,楼梯混凝土强度等级为 C30。

1. 楼梯的定义与清单套用

3 号、4 号楼楼为双跑楼梯,但每一个梯段踏步数不等,为常见的不等跑楼梯。BIM 软件对"楼梯"的定义流程为:单击"导航树"→"楼梯"→"新建参数化楼梯"(标准双跑 2),在"属性编辑框"中输入楼梯的混凝土强度等级(C30),在"构件做法"→"添加清单"→"查询匹配清单"找到"直形楼梯"的对应清单,按照表 4.6 列项约定对首层楼梯进行统一清单编码(010506001001),工程量计量单位选择 m³。

楼梯的参数设置如图 9.16 所示,图的左下方是楼梯平面图的参数设置,其中楼梯宽度＝3 600－240(内墙厚)＝3 360(mm);对照二层梁平法施工图及 3 号、4 号楼梯详图,平台 1 的长度＝1 300＋525－250×2＝1 325(mm);平台 2 的长度需要特别注意,定义的是梯段 2 的最后一级与楼层梯梁之间的距离,由楼梯详图可知,此值应为 0。梯段 1 踏面数为 14,梯段 2 踏面数为 12。图 9.16 的右侧是楼梯剖面的参数设置,由结构施工图的 3 号、4 号楼梯详图可见,楼梯踏步板厚均为 150mm,踏步宽度与踏步高度分别为 270mm 和 161mm,由二层结构平面图可知,楼梯中间休息平台板的厚度为 100mm。

图 9.16 的左上方是楼梯的相关参数表,对照右侧的剖面图及相关施工图纸,图中 TL1 的截面尺寸为 250mm×400mm;TL2 由于用 BIM 软件绘制梁时已经完成,故此处不赋予其截面参数。由楼梯结构详图可知,TL3 是上翻梁,此处不赋予其截面参数,采用绘制单梁的形式完成,TL4 不在首层标高范围内,此处同样不赋予其截面参数。按楼梯建筑详图可知,楼梯井的宽度为 200mm。

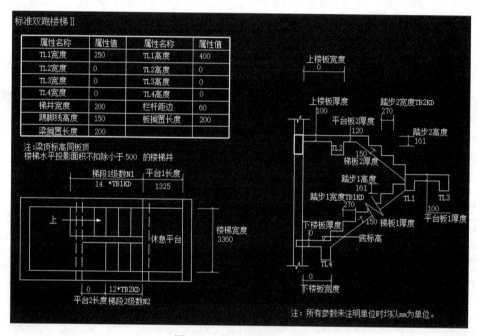

图 9.16 楼梯的参数设置

楼梯的参数设置事关楼梯能否按图生成,参数设置时需要极其细致、认真,需要借助建筑施工图、结构施工图中的相关平面图、剖面图及详图进行系统推敲方能完成。当楼梯的三维模型显示与真实情形不一致时,可单击"属性列表"中"截面形状"一行的右侧"属性值"单元格(见图 9.17),当出现 图标时即可单击弹出楼梯参数修改对话框对相关参数进行审校修改。

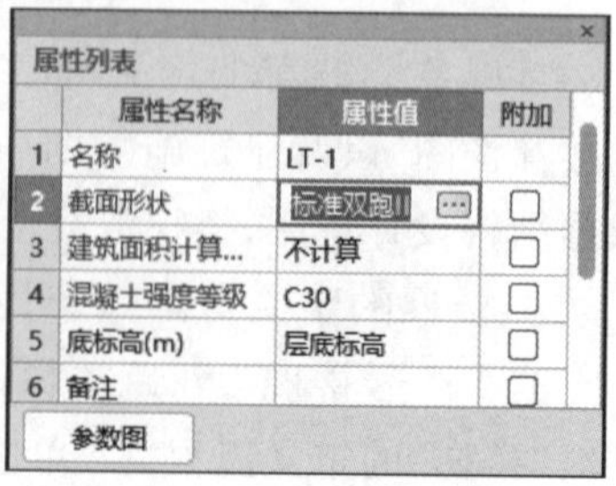

图 9.17 楼梯的属性列表

2. 楼梯绘制与清单报表

采用"点"式方法进行楼梯BIM建模。图9.18中的旋转点角度设置为−90°,在首层平面图中定位楼梯的插入点绘制楼梯,并根据建筑与结构施工图中楼梯的起跑位置,采用镜像方法,将楼梯进行精准布置,如图9.19所示,采用复制楼梯的方法绘制A区4号楼梯。

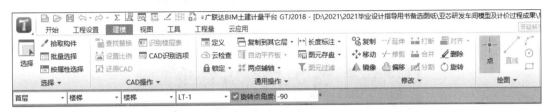

图9.18　楼梯的建模定义

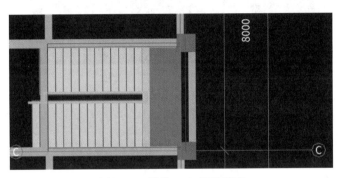

图9.19　楼梯BIM模型平面

支撑楼梯中间休息平台梁的梯柱(TZ)按矩形柱进行列项与清单编制。楼梯中间休息平台梁以及与楼梯相连的楼层梁,按照楼梯定额工程量的计算方法,并入"直形楼梯"混凝土工程量中。一端与TZ相连,另一端与框架柱相连的中间休息平台梁按楼梯结构详图,梁顶标高设置如图9.20所示。由楼梯结构详图可知,两端均与框架柱相连的中间休息平台梁采用了上翻做法,梁顶标高设置如图9.20中的A-L12。关联构件绘制完成后,4号楼梯BIM立体模型如图9.21所示。

图9.20　一端与TZ、另一端与KZ相连的平台梁梁顶标高设置

图 9.21 楼梯 BIM 立体模型

单击 BIM 软件菜单"工程量",选择"汇总计算",可得到 A 区"直形楼楼"的清单编制结果,如表 9.1 所示。

表 9.1 A 区首层直形楼梯工程量清单

编　码	项目名称	项目特征描述	单位	工程量
010506001001	直形楼梯	1. 混凝土种类：预拌非泵送； 2. 混凝土强度等级：C30	m³	7.05

【任务思考】

运用BIM软件编制首层墙体、门窗及二次结构构件清单

首层墙体工程量清单编制涉及建施中的"一层平面图"、结施中的"框架柱平面布置图""二层梁平法施工图""承台梁平法施工图""门窗详图"以及相关的设计说明。墙体的绘制通常是在相应楼层的框架柱、有梁板已经绘制完成的情况下进行。

首层墙体包括首层 A 区、B 区的外墙、内墙,二次结构构件通常包括构造柱、门框柱、窗框柱、水平系梁、窗台压顶梁和过梁等。

本任务以 A 区卫生间内外墙体及相关构件为例进行介绍。

10.1 墙 体 绘 制

BIM 软件对"墙体"的定义流程为:选择首层→"导航树"→"墙",新建"砌体墙"(外墙),在"属性"编辑框中输入墙体的厚度尺寸信息(240mm)、材质信息(砖),如图 10.1 所示。墙体的属性信息来自结构设计说明。

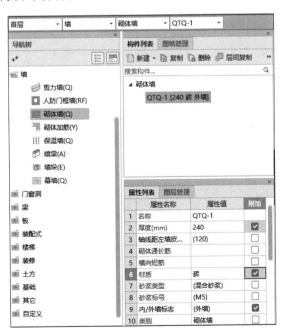

图 10.1　砌体墙定义

清单做法为依次单击"构件做法"→"添加清单",在"查询匹配清单"中找到"多孔砖墙"

的对应清单。按照规范约定,对砌体墙进行清单编码(010401004001),按照图纸设计说明匹配相应项目特征,如图 10.2 所示。

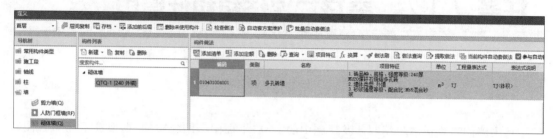

图 10.2　多孔砖外墙清单做法设置

依据"一层平面图"在给定区域采用"建模"→"直线"命令绘制外墙。

内墙的定义与绘制同上述操作,砌体内墙清单编码为 010401004002。

10.2　门窗绘制及清单编制

首层门窗绘制及清单编制主要依据"一层平面图""门窗详图"及"建筑施工图设计总说明"进行。A 区卫生间范围内,窗编号为 C1020,门编号为 M0922,各 2 樘,还有一个MD2022。结合建施"3—3 剖面"和"东立面图"可知,C1022 的离地高度为 1 000mm。

10.2.1　窗的绘制及清单编制

BIM 软件对"窗"的定义流程为:依次选择首层→"导航树"→"门窗洞",新建"矩形窗",在"属性编辑框"中输入矩形窗的编号以及窗洞的宽度和高度,如图 10.3 所示,需要注意窗的离地高度为 1 000mm。

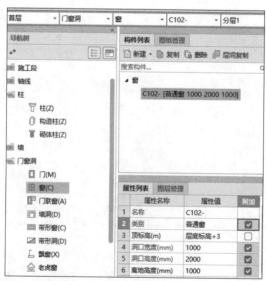

图 10.3　窗的定义

清单做法为依次单击"构件做法"→"添加清单",在"查询匹配清单"中找到"金属窗"的对应清单。按照规范约定,对金属窗进行清单编码(010807001001),按照图纸设计说明匹配相应项目特征,如图 10.4 所示。

图 10.4　窗的做法清单设置

依据"一层平面图"在相应位置采用"建模"→"精确布置"(或智能布置)命令绘制窗。汇总计算后清单结果如表 10.1 所示。

表 10.1　A 区首层卫生间矩形窗工程量清单

编　码	项目名称	项目特征描述	单位	工程量
010807001001	金属(塑钢、断桥)窗	1. 窗代号及洞口尺寸：C1020,洞口尺寸 1 200×2 000； 2. 框、扇材质：断热铝合金中空玻璃推拉窗； 3. 玻璃品种、厚度：节能玻璃,详见图纸	m²	4

10.2.2　门的绘制及清单编制

BIM 软件对"门"的定义的清单做法设置与窗相似。"门"的定义流程为：依次选择首层→"导航树"→"门窗洞",新建"矩形门",在"属性编辑框"中输入矩形门的编号以及门洞的宽度和高度,如图 10.5 所示。

图 10.5　门的定义

清单做法为依次单击"构件做法"→"添加清单",在"查询匹配清单"中找到"金属门"的对应清单。按照规范约定,对金属门进行清单编码(010802001001),按照图纸设计说明匹配相应项目特征,如图 10.6 所示。

图 10.6　门的做法清单设置

依据"一层平面图",在相应位置采用"建模"中的"精确布置"(或智能布置)命令绘制门。汇总计算后清单结果如表 10.2 所示。

表 10.2　A 区首层卫生间金属门工程量清单

编码	项目名称	项目特征描述	单位	工程量
010802001001	金属(塑钢)门	1. 门代号及洞口尺寸:M0922,洞口尺寸 900×2 200; 2. 门框、扇材质:铝合金平开门,详见图纸	m²	3.96

门洞 MD2022 的定义与绘制和门 M0922 相同,但无须设置清单做法,不产生清单工程量。

10.3　二次结构构件绘制及清单编制

10.3.1　构造柱绘制及清单编制

根据"承台梁平法施工图",A 区首层卫生间范围内,二次结构构件主要有构造柱(GZ,截面尺寸为 240mm×240mm),共有 6 根。

BIM 软件对"构造柱"的定义流程为:依次单击首层→"导航树"→"柱"→"构造柱",新建"构造柱",在"属性编辑框"中输入构造柱的截面尺寸信息,如图 10.7 所示。

清单做法为依次单击"构件做法"→"添加清单",在"查询匹配清单"中找到"构造柱"的对应清单。按照规范约定,对构造柱进行清单编码(010502001001),按照图纸设计说明匹配相应项目特征,如图 10.8 所示。

依据"承台梁平法施工图"在给定位置采用单击"建模"→"点"命令的操作方式绘制构造柱。汇总计算后清单结果如表 10.3 所示。

表 10.3　A 区卫生间墙体中构造柱工程量清单

编　码	项目名称	项目特征描述	单位	工程量
010502002001	构造柱	1. 混凝土种类:预拌非泵送; 2. 混凝土强度等级:C25	m³	1.696

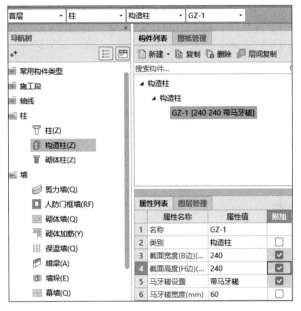

图 10.7　构造柱定义

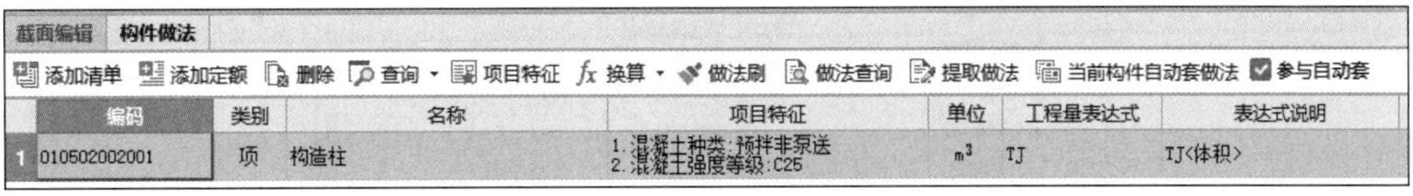

编码	类别	名称	项目特征	单位	工程量表达式	表达式说明
1 010502002001	项	构造柱	1.混凝土种类:预拌非泵送 2.混凝土强度等级:C25	m³	TJ	TJ〈体积〉

图 10.8　构造柱清单做法设置

10.3.2　门、窗框柱绘制及清单编制

钢筋混凝土门窗框。依据"结构施工图设计总说明"7.11 条,当砌体采用烧结普通砖、烧结多孔砖及烧结空心砖时,门窗洞口宽度大于 1 500 mm 时,应采取钢筋混凝土框加强,做法如图 10.9 所示。门框柱高度从楼地面至门过梁,窗框柱高度从窗台梁(窗台板带)至窗过梁,无过梁处至结构梁。

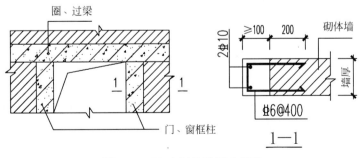

图 10.9　门、窗框柱设置示意图

卫生间门洞（MD2022）宽度为 2 000mm＞1 500mm，因此需要设置门洞框柱，截面尺寸根据图 10.9 中 1—1 详图按 100mm×240mm 设置。卫生间其他部位门窗洞宽均小于 1 500mm，因此无须设置门、窗框柱。

卫生间门洞框柱定义如图 10.10 所示，需要根据前述结构设计说明中的规定，将门框柱顶标高设置为"层底标高＋2.2"。

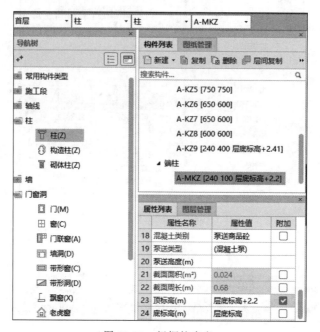

图 10.10　门框柱定义

应用 BIM 软件绘制完成后进行汇总计算，可得门框柱的清单如表 10.4 所示。

表 10.4　A 区卫生间入口处门框柱工程量清单

编码	项目名称	项目特征描述	单位	工程量
010502001007	矩形柱（门框柱）	1. 混凝土种类：预拌非泵送； 2. 混凝土强度等级：C25	m³	0.11

10.3.3　水平系梁、压顶的绘制及清单编制

1. 水平系梁的设置及判定

水平系梁的设置。依据"结构施工图设计总说明"7.3 条，填充墙高＞4m（墙厚≥200mm）时的所有墙体应在墙体半高处设置沿墙长贯通的水平系梁，梁宽同墙厚，高度为 120mm，墙高≤4m 时，除烧结普通砖、烧结多孔砖及烧结空心砖外，每层墙高的中部应增设高度为 120mm，与墙体同宽的混凝土水平系梁。由此可见，水平系梁是为提高墙体稳定性而设，作用与圈梁相同，清单列项可按照圈梁列项。构件定义时，需注意水平系梁起、终点顶标高设置。

水平系梁的判定。对照二层结构梁平法施工图可知，首层 A 区卫生间部位，除男、女卫

中间分隔墙顶部梁(A-L8)梁高为500mm外,其余梁高均≥650mm。底层层高4 500mm,内外墙体均采用煤矸石烧结多孔砖,实际墙体高度均≤4m。由上述设计说明可知,该项目卫生间部位墙体无须设置水平系梁。

2. 窗台压顶的绘制及清单编制

窗台压顶。依据"结构施工图设计总说明"7.10条,顶层和底层的砌体填充墙应设置通长现浇钢筋混凝土窗台梁,高度为120mm,宽度同墙宽。

窗台压顶的定义如图10.11所示,截面为240mm×120mm。窗台起、终点顶标高应调整为"层底标高+1"。

图10.11 窗台压顶定义

应用BIM软件绘制完成后进行汇总计算,可得窗台压顶的清单如表10.5所示。

表10.5 A区卫生间窗台压顶工程量清单

编码	项目名称	项目特征描述	单位	工程量
010507005001	压顶	1. 断面尺寸:240mm×120mm; 2. 混凝土种类:预拌非泵送; 3. 混凝土强度等级:C25	m³	0.13

10.3.4 过梁绘制及清单编制

过梁型号。依据"结构施工图设计总说明"4.6条,过梁选用国标图集《钢筋混凝土过梁》(烧结多孔砖)(13G322-2),GL-4××2P(用于240mm墙厚),过梁宽度同墙宽,两端搁置范围内遇有现浇柱、梁时,改为现浇。查阅图集,根据洞口净宽,型号为GL-4022P的过梁(截面高度190mm)适用于洞宽900mm、1 000mm的门窗洞;型号为GL-4212P的过梁(截面高度190mm)适用于洞宽2 000mm的门洞。

首层层高4 500mm,门洞上方均需设置过梁。③轴框架梁截面为250mm×750mm,卫生间窗的代号为C1020,窗台高度为1 000mm,窗上方墙体高度为4 500−750−1 000−2 000=750(mm),因此需设置过梁以支承窗上部墙体。

过梁定义如图10.12所示。

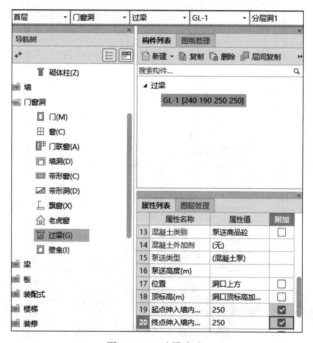

图10.12 过梁定义

按图纸说明添加过梁清单做法后进行过梁绘制。依据"一层建筑平面图",依次选择"建模"→"智能布置"→"门、窗、门联窗、墙洞、带形窗、带形洞"命令绘制过梁。汇总计算后清单结果如表10.6所示。

表10.6 A区卫生间门窗过梁工程量清单

编码	项目名称	项目特征描述	单位	工程量
010510003001	过梁	1. 图代号:《钢筋混凝土过梁》(烧结多孔砖)(13G322-2); 2. 混凝土强度等级:C25	m³	0.37

10.4 墙 体 清 单

依次完成卫生间墙体中的门窗、过梁、门框柱、窗台梁等构件的绘制后,汇总计算,可查阅墙体清单,如表 10.7 所示。

表 10.7 A 区卫生间墙体工程量清单

编码	项目名称	项目特征描述	单位	工程量
010401004001	多孔砖墙	1. 砖品种、规格、强度等级:240mm 厚 MU20 煤矸石烧结多孔砖; 2. 墙体类型:外墙; 3. 砂浆强度等级:Mb5 混合砂浆	m³	2.00
010401004002	多孔砖墙	1. 砖品种、规格、强度等级:240mm 厚 MU20 煤矸石烧结多孔砖; 2. 墙体类型:内墙; 3. 砂浆强度等级:Mb5 混合砂浆	m³	15.90

【任务思考】

首层装饰装修工程包括外墙面装饰,车间内部地坪装饰、墙面装饰、天棚装饰及楼梯装饰等。BIM 软件编制装饰装修工程量清单通常在已经绘好房间的基础上进行。

以首层 A 区卫生间为例,装饰装修构造做法如表 11.1 所示。装饰装修的构造做法主要依据图纸建施"工程做法列表"。"工程做法列表"中有外墙 1(真石漆外墙)、外墙 2(涂料外墙)两种外墙做法,结合建施"东立面图"可知,首层 A 区卫生间外墙面做法为米白色外墙真石漆。

表 11.1　首层卫生间构造做法表

名称	构造做法	适用范围	名称	构造做法	适用范围
内墙 3 (NQ3)	5mm 厚釉面砖白水泥浆擦缝 8mm 厚 1:3 防水水泥砂浆结合层 10mm 厚 1:3 水泥砂浆刮糙 2mm 厚 1:1 水泥砂浆掺水泥重置 10% 的 801 刷界面处理剂一道 抹灰前墙面湿润 基层墙体	卫生间 (墙砖采用 600×300)	地面 2 (D2)	10mm 厚防滑地砖,干水泥擦缝 20mm 厚 1:2 干硬性水泥砂浆,面上撒素水泥 刷素水泥浆一道 最薄处 40mm 厚 C20 细石混凝土找坡 1%,坡向地漏 聚氨酯防水涂膜三遍,厚 1.8mm 所有地面与竖管及墙角均翻高 300 100mm 厚 C25 混凝土随捣随抹平 (与墙连接阴角位批 R50 凹圆弧) 150mm 厚碎石垫层 素土夯实	卫生间地砖采用 600×600)
外墙 1 (WQ1)	真石漆(专业厂家施工) 外墙底涂封闭涂料一遍 10mm 厚 1:2.5 防水砂浆抹平(掺 5%防水剂) 12mm 厚 1:3 水泥砂浆打底扫毛 刷界面处理剂一道(基层为砖墙时取消) 基层墙体	真石漆外墙 (颜色见立面标注)	平顶 2 (P2)	铝塑板面层,距混凝土板底 800mm 铝合金横撑龙骨中距等于板长 铝合金中龙骨中距等于板宽 轻钢大龙骨 60×30×1.5 (中距<1 200,吊点附吊挂) φ8 钢筋吊杆(双向中距 900~1 200) 钢筋混凝土内预留 φ6 铁环(双向中距 900~1 200)	卫生间

11.1 地面绘制及清单编制

BIM软件对"地面"的定义流程为：依次单击首层→"导航树"→"装修"→"楼地面"，新建"楼地面DM-2"，在"属性编辑框"中输入块料面层的厚度等信息，如图11.1所示。

清单做法为依次单击"构件做法"→"添加清单"，在"查询匹配清单"中找到"块料楼地面"和"楼（地）面防水"的对应清单。按照规范约定，对块料楼地面、楼地面防水进行清单编码（011102003001、010904002001），按照图纸设计说明匹配相应项目特征，如图11.2所示。楼地面涂膜防水清单项目的工程量表达式应根据实际情况进行定义，根据做法提示，反水高度为300mm，因此，清单套用时应将工程量计算表达式调整为"SPFSMJ+LMFSMJ"。

运用BIM建模——首层地面

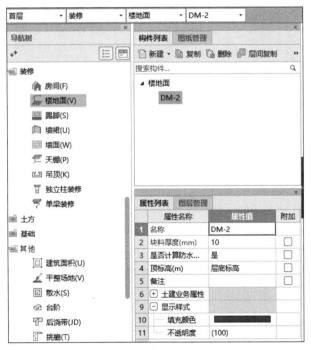

图11.1 地砖地面定义

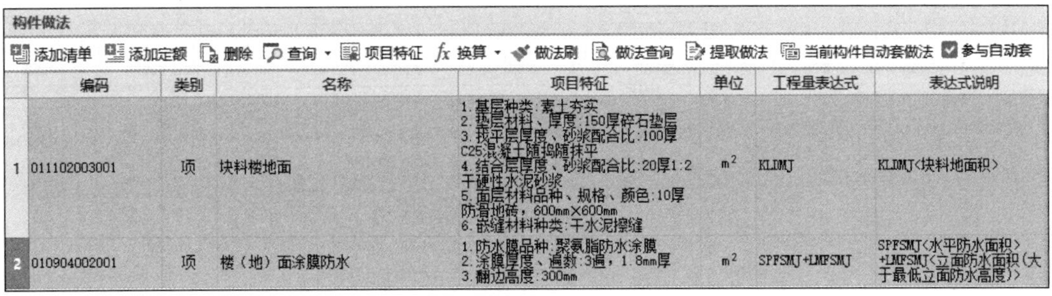

图11.2 地砖地面翻边及地面防水清单做法设置

依据"一层建筑平面图",依次选择"建模"→"点"布置方式→绘制地面。汇总计算后楼地面及地面涂膜防水的工程量清单结果如表 11.2 所示。

表 11.2 A 区卫生间地面及防水工程量清单

编码	项目名称	项目特征描述	单位	工程量
010904002001	楼地面涂膜防水	1. 防水膜品种：聚氨酯防水涂膜； 2. 涂膜厚度、遍数：3 遍,1.8mm 厚； 3. 翻边高度：300mm	m²	28.22
011102003001	块料楼地面	1. 基层种类：素土夯实； 2. 垫层材料、厚度：150mm 厚碎石垫层； 3. 找平层厚度、砂浆配合比：100mm 厚 C25 混凝土随捣随抹平； 4. 结合层厚度、砂浆配合比：20mm 厚 1：2 干硬性水泥砂浆； 5. 面层材料品种、规格、颜色：10mm 厚防滑地砖,600mm×600mm； 6. 嵌缝材料种类：干水泥擦缝	m²	27.07

11.2 墙面装修绘制及清单编制

墙面装修根据表 11.1,分为内墙面面砖、外墙面真石漆两种做法。卫生间采用吊顶天棚,天棚面采用铝塑板面层,距混凝土板底 800mm,因此,内墙面贴面高度为 4 500－800＝3 700(mm)；从建施"东立面图"可见,外墙面沿层高全高做真石漆饰面。

11.2.1 外墙面装修绘制及清单编制

BIM 软件对"外墙面"的定义流程为：依次单击首层→"导航树"→"装修"→"墙面",新建"外墙面",在"属性编辑框"中核对相关信息。

清单做法为依次单击"构件做法"→"添加清单",在"查询匹配清单"中找到"墙面一般抹灰"和"抹灰面油漆"的对应清单。按照规范约定,对"墙面一般抹灰""抹灰面油漆"进行清单编码(011201001001、011406001001),按照图纸设计说明匹配相应项目特征,如图 11.3 所示。

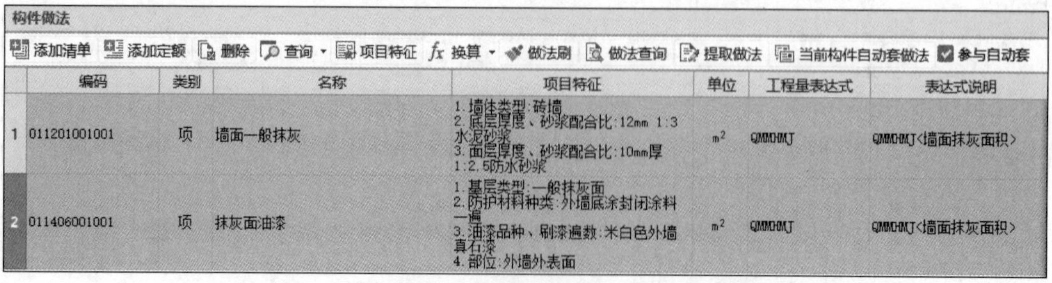

图 11.3 外墙面抹灰及外墙面真石漆清单做法设置

依据"一层建筑平面图",依次选择"建模"→"直线"布置方式→绘制外墙面。汇总计算后外墙面抹灰及外墙真石漆的工程量清单结果如表11.3所示。

表11.3　A区卫生间外墙面抹灰及真石漆工程量清单

编码	项目名称	项目特征描述	单位	工程量
011101001001	墙面一般抹灰	1. 墙体类型：砖外墙； 2. 底层厚度、砂浆配合比：12mm厚 1∶3 水泥砂浆； 3. 面层厚度、砂浆配合比：10mm厚 1∶2.5 防水砂浆	m²	23.95
011406001001	抹灰面油漆	1. 基层类型：一般抹灰面； 2. 防护材料种类：外墙底涂封闭涂料一遍； 3. 油漆品种、刷漆遍数：米白色外墙真石漆； 4. 部位：外墙外表面	m²	23.95

11.2.2　卫生间内墙面装修绘制及清单编制

BIM软件对"内墙面"的定义流程为：依次单击首层→"导航树"→"装修"→"墙面"，新建"内墙面"，在"属性编辑框"中输入相关信息，如图11.4所示。

内墙面饰面高度至吊顶天棚底，即饰面起、终点顶标高为"层底标高+3.7m"。

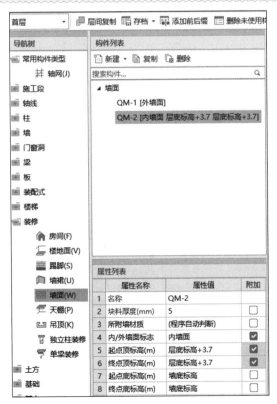

图11.4　内墙面装修定义

清单做法为依次单击“构件做法”→“添加清单”，在“查询匹配清单”中找到“块料墙面”的对应清单。按照规范约定，对“块料墙面”进行清单编码(011204003001)，按照图纸设计说明匹配相应项目特征，如图 11.5 所示。

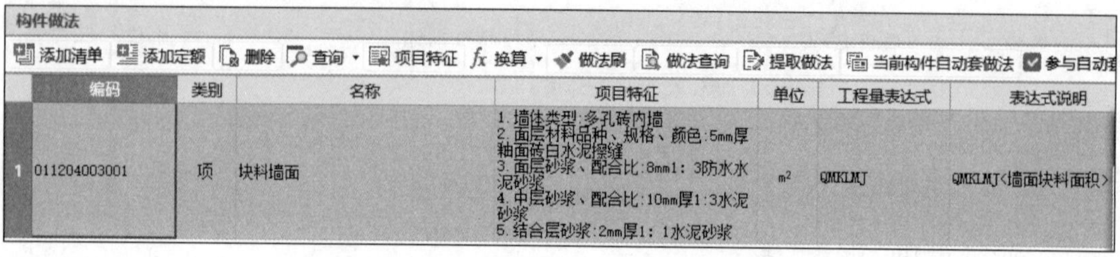
构件做法

添加清单 添加定额 删除 查询 项目特征 fx 换算 做法刷 做法查询 提取做法 当前构件自动套做法 参与自动套

	编码	类别	名称	项目特征	单位	工程量表达式	表达式说明
1	011204003001	项	块料墙面	1.墙体类型:多孔砖内墙 2.面层材料品种、规格、颜色:5mm厚釉面砖白水泥擦缝 3.面层砂浆、配合比:8mm1:3防水水泥砂浆 4.中层砂浆、配合比:10mm厚1:3水泥砂浆 5.结合层砂浆:2mm厚1:1水泥砂浆	m^2	QMKLMJ	QMKLMJ<墙面块料面积>

图 11.5　卫生间块料内墙面清单做法设置

依据“一层建筑平面图”，依次选择“建模”→“点”布置方式→绘制内墙面。汇总计算后内墙面“块料墙面”工程量清单结果如表 11.4 所示。

表 11.4　A 区卫生间块料内墙面工程量清单

编码	项目名称	项目特征描述	单位	工程量
011204003001	块料墙面	1. 墙体类型：多孔砖内墙； 2. 面层材料品种、规格、颜色：5mm 厚釉面砖白水泥擦缝； 3. 面层砂浆、配合比：8mm 厚 1∶3 防水砂浆； 4. 中层砂浆、配合比：10mm 厚 1∶3 水泥砂浆； 5. 结合层砂浆：2mm 厚 1∶1 水泥砂浆	m^2	95.91

11.3　天棚绘制及清单编制

卫生间采用吊顶天棚。BIM 软件对“吊顶天棚”的定义流程为：依次单击首层→“导航树”→“装修”→ “吊顶”，新建吊顶，在“属性编辑框”中输入“离地高度”等相关信息。

根据表 11.1 吊顶天棚的构造做法，完成吊顶的清单套用，如图 11.6 所示。

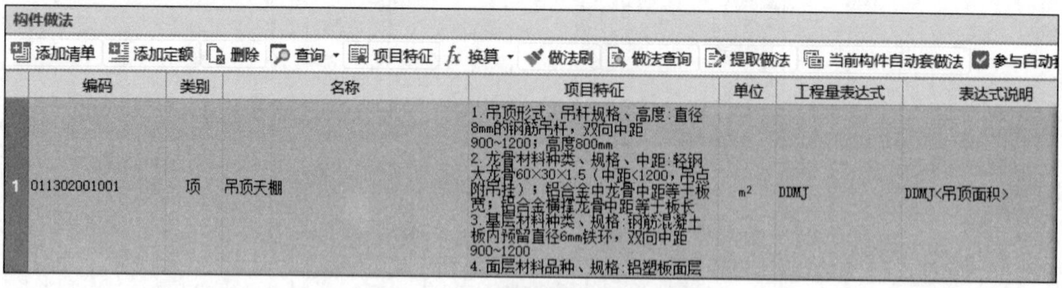
构件做法

添加清单 添加定额 删除 查询 项目特征 fx 换算 做法刷 做法查询 提取做法 当前构件自动套做法 参与自动套

	编码	类别	名称	项目特征	单位	工程量表达式	表达式说明
1	011302001001	项	吊顶天棚	1.吊顶形式、吊杆规格、高度:直径8mm的钢筋吊杆，双向中距900~1200；高度800mm 2.龙骨材料种类、规格、中距:轻钢大龙骨60×30×1.5（中距<1200，吊点附吊挂）；铝合金中龙骨中距等于板宽；铝合金横撑龙骨中距等于板长 3.基层材料种类、规格:钢筋混凝土板内预留直径6mm铁环，双向中距900~1200 4.面层材料品种、规格:铝塑板面层	m^2	DDMJ	DDMJ<吊顶面积>

图 11.6　吊顶天棚的清单做法设置

依据“一层建筑平面图”，依次选择“建模”→“点”布置方式→绘制卫生间天棚吊顶。汇总计算后即完成 “吊顶天棚”工程量清单编制，其中的工程量为 26.31m^2。

首层其他部位的构件、二～六层的各分项工程的清单编制参照任务 9～任务 11 的操作进行。

【任务思考】

任务 12 运用BIM软件编制屋面防水保温工程清单

由附录2建施"工程做法列表"和"屋顶平面图"可知,案例工程屋面做法只有一种屋面1。具体的构造层次从下至上依次为:现浇钢筋混凝土楼板→MLC轻质混凝土2‰找坡,最薄处100mm厚(容重500kg/m³)→20mm厚1:3水泥砂浆找平层→4mm厚APP防水卷材→10mm厚1:3石灰砂浆隔离层→40mm厚C30细石混凝土(内配 $\phi4@150$ 双向钢筋)。

屋面构造做法中共有两道防水设防,一道是4mm厚APP防水卷材防水层(柔性防水),另一道是40mm厚C30细石混凝土防水层(刚性防水)。屋面保温层为MLC轻质混凝土。

屋面防水、保温等构件的绘制与清单编制应在屋顶层屋面板及周边女儿墙已经绘制完成后进行。

本任务以A区屋面为例介绍运用BIM软件编制屋面防水保温工程清单的方法,当前层切换到第7层(女儿墙层)。

12.1 屋面定义及清单套用

BIM软件对"屋面"的定义流程为:依次单击第七层→"导航树"→"其他"→"屋面",新建屋面,在"属性编辑框"中将"底标高"调整为"层底标高"。如图12.1所示。

图12.1 屋面定义

根据"工程做法列表"中屋面1(W1)的构造做法,逐一添加清单,屋面的清单套用如图12.2所示。

构件做法

🗐添加清单 🗐添加定额 📄删除 🔍查询 ▾ 📋项目特征 *fx* 换算 ▾ 🧹做法刷 🔍做法查询 📋提取做法 🗐当前构件自动套做法 ☑参与自动套

	编码	类别	名称	项目特征	单位	工程量表达式	表达式说明
1	010902003001	项	屋面刚性层	1.刚性层厚度:40厚 2.混凝土种类:细石混凝土 3.混凝土强度等级:C30 4.钢筋规格、型号:4mm钢筋间距150双向布置	m²	MJ	MJ<面积>
2	010902001001	项	屋面卷材防水	1.卷材品种、规格、厚度:4mm厚APP防水卷材 2.防水层数:单层 3.防水做法:热熔满铺	m²	MJ+JBMJ	MJ<面积>+JBMJ<卷边面积>
3	011101006001	项	平面砂浆找平层	1.找平层厚度、砂浆配合比:20mm厚 1:3水泥砂浆找平层	m²	MJ	MJ<面积>
4	011001001001	项	保温隔热屋面	1.保温隔热材料品种、规格、厚度:MLC轻质混凝土2%找坡,最薄处100厚	m²	MJ	MJ<面积>
5	011003001001	项	隔离层	1.隔离层部位:屋面 2.隔离层材料品种:10厚1:3石灰砂浆	m²	MJ	MJ<面积>

图12.2　屋面各构造层清单套用

屋面刚性层与卷材防水层做法的显著不同是,卷材防水层需要在女儿墙周边做翻边,高度一般为300mm(具体高度按图纸规定)。清单套用时,需要注意"屋面卷材防水"清单项目的工程量表达式应根据实际情况调整,即在水平投影面积(MJ)的基础上追加卷材翻边面积(JBMJ)工程量。

12.2　绘制屋面并编制屋面工程量清单

依据"屋顶层平面图",依次单击"建模"→"智能布置"→"外墙内边线",框选外墙,即可完成屋面初步绘制。选择"设置防水卷边"命令,单击图形上屋面与女儿墙交接处,在弹出的对话框中输入卷边高度,即完成屋面的最终绘制,如图12.3所示。

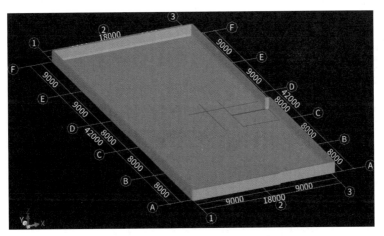

图12.3　A区屋面绘制完成示意

单击"工程量"菜单→汇总计算→查看报表→土建工程量报表,即可得到屋面相关分项工程的工程量清单,如表12.1所示。

表 12.1　A 区屋面分项工程量清单

编码	项目名称	项目特征描述	单位	工程量
010902001001	屋面卷材防水	1. 卷材品种、规格、厚度：4mm 厚 APP 防水卷材； 2. 防水层数：单层； 3. 防水层做法：热熔满铺	m²	788.53
010902003001	屋面刚性层	1. 刚性层厚度：40mm 厚； 2. 混凝土种类：细石混凝土非泵送； 3. 混凝土强度等级：C30； 4. 钢筋规格、型号：φ4mm 钢筋，@150 双向布置	m²	752.42
011001001001	保温隔热屋面	保温隔热材料品种、规格、厚度：MLC 轻质混凝土 2% 找坡，最薄处 100mm 厚	m²	752.42
011003001001	隔离层	1. 隔离层部位：屋面； 2. 隔离层材料品种：10mm 厚 1：3 石灰砂浆	m²	752.42
011101006001	平面砂浆找平层	找平层厚度、砂浆配合比：20mm 厚 1：3 水泥砂浆找平层	m²	752.42

任务 9～任务 12 中的清单项目编码仅用于操作任务的示范操作，为了方便检查校核，应用 BIM 软件绘制构件并编制清单时，需要对照任务 3～任务 8 中提示的清单列项要求进行。

【任务思考】

任务 13　运用BIM软件编制基础层各分项工程量清单

基础部位的施工通常包括桩基施工、土方工程施工、垫层施工、基础施工、地下室施工等分项工程。

案例工程项目与基础相关的施工图纸主要有：结构施工图设计总说明、桩平面布置图、承台平面布置图、承台梁平法施工图、框架柱平面布置图等。

案例工程采用的是桩承台基础。主要的施工内容有：打预制管桩、场地平整、挖一般土方(大开挖)、垫层施工、桩承台及承台梁施工、柱施工、砖基础施工、回填方等。基础层分部分项工程量清单编制依据图纸中的主要施工内容及《房屋建筑与装饰工程工程量计算规范》(GB 50854—2013)进行。

本任务以 A 区为例进行任务操作介绍。

13.1　绘制基础层柱

由"框架柱平面布置图"中的框架柱配筋表可知，A 区框架柱在基础层与首层的截面尺寸均相同，柱混凝土强度等级也相同，均为 C35。因此，基础层柱的绘制可采用从首层复制的方法进行。

当前层切换至基础层。单击菜单"建模"，在"从其他楼层复制图元"中的"源楼层选择"下拉列表中选择"首层"、构件勾选"柱"，目标楼层选择"基础层"，单击"确定"按钮即可实现柱从首层到基础层的复制(见图 13.1)。

图 13.1　从其他层复制构件图元

按照表 4.3 对框架柱的列项约定,对构件做法中的矩形柱列项进行清单编码重置。由于存在与其他构件的工程量扣减,故需要在桩承台绘制完成后才能汇总计算并导出 A 区基础层的框架柱工程量清单。

柱的绘制与清单编制也可按照常规方法定义、设置清单做法及绘制。需要根据各自毕业设计图纸的具体情况做具体分析。

13.2 绘制垫层、桩承台及承台梁并编制清单

13.2.1 绘制桩承台并编制清单

依据"桩承台平面布置图"进行承台的定义及绘制。

A 区有两种典型的桩承台,一种是等边三桩承台,另一种是四棱柱体的桩承台,如图 13.2 所示。由结构设计说明可知,承台均为预拌混凝土 C30。

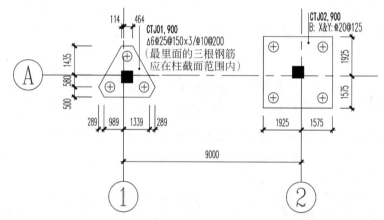

图 13.2 桩承台平面布置图(局部)

1. 等边三桩承台

以 A 轴与 ① 轴相交处的 CTJ01 为例。通过原位标注读图可知,CTJ01 的厚度为 900mm。

BIM 软件对"三桩承台"的定义流程为:依次单击基础层→"导航树"→"基础"→"桩承台"→"新建桩承台"→"新建桩承台单元",在"选择参数化图形"中选择"三桩承台",并在右侧对话框中设置桩承台的平面定位及相关空间尺寸,如图 13.3 所示。

为了完成图 13.3 中的参数设置,可根据桩定位图、桩承台定位图完善桩及承台定位的尺寸信息,如图 13.4 所示。

若承台的尺寸参数设置有误,可在属性编辑框中单击截面形状一行的右侧单元格,出现如图 13.5 所示的🔲时,即可重新打开对话框进行参数设置修改。

根据桩承台混凝土的信息赋予其项目特征,清单套用如图 13.6 所示。

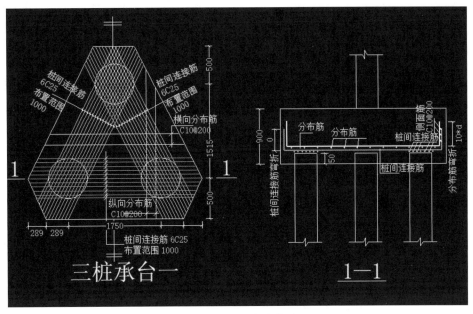

图 13.3 三桩承台参数设置

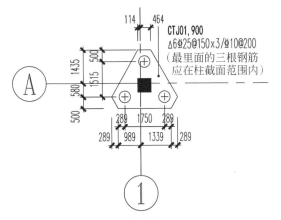

图 13.4 桩及承台定位图

属性列表		
	属性名称	属性值	附加
1	名称	ZCT-2-1	
2	截面形状	式三桩台一 ...	☐
3	长度(mm)	2906	
4	宽度(mm)	2515	
5	高度(mm)	900	
6	相对底标高(m)	(0)	
7	材质	现浇混凝土	☐
8	混凝土类型	(粒径31.5砼3...	☐
9	混凝土强度等级	(C30)	☐

图 13.5 承台截面参数

参数图	构件做法					
🔲添加清单 🔲添加定额 📋删除 🔎查询 ▾ 🔲项目特征 fx换算 ▾ ✔做法刷 🔲做法查询 🔲提取做法 🔲当前构件自动套做法 ☑参与自动套						
	编码	类别	名称	项目特征	单位	工程量表达式	表达式说明
1	010501005001	项	桩承台基础	1.混凝土种类:预拌非泵送 2.混凝土强度等级:C30	m³	TJ	TJ<体积>

图 13.6 三桩承台清单套用

　　承台绘制依次单击菜单"建模"→"智能布置"→"柱"进行操作。绘出的承台往往需要调整平面定位,在绘图区域,移动光标,选中承台,右击弹出对话框,如图 13.7 所示,通过"查改标注"将桩承台按施工图纸进行精确定位。

图 13.7　构件定位等信息修改工具条

2. 四棱柱体桩承台

以 A 轴与②轴相交处的 CTJ02 为例。通过原位标注读图可知，CTJ02 的长度×宽度×厚度为 3 500mm×3 500mm×900mm。

BIM 软件对"矩形桩承台"的定义流程为：依次单击基础层→"导航树"→"基础"→"桩承台"→"新建桩承台"→"新建桩承台单元"，在"选择参数化图形"中选择"矩形桩承台"选项，并在右侧对话框中设置桩承台的三维尺寸，如图 13.8 所示。

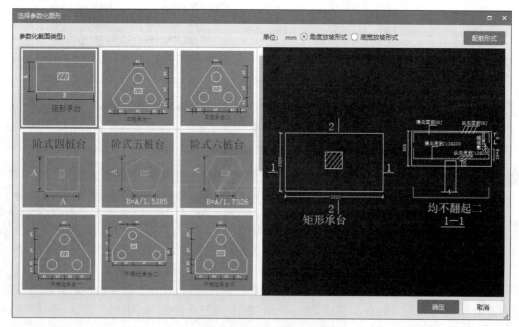

图 13.8　矩形桩承台参数设置

根据结构设计说明等信息赋予桩承台项目特征,清单套用如图 13.9 所示。

	编码	类别	名称	项目特征	单位	工程量表达式	表达式说明
1	010501005002	项	桩承台基础	1.混凝土种类:预拌非泵送 2.混凝土强度等级:C30	m³	TJ	TJ<体积>

图 13.9　桩承台清单套用

承台绘制依次单击菜单"建模"→"智能布置"→"柱"进行操作,并用"查改标注"等命令按照"承台平面布置图"将桩承台进行精确定位。

参照上述操作,完成 A 区所有桩承台的绘制,如图 13.10 所示。

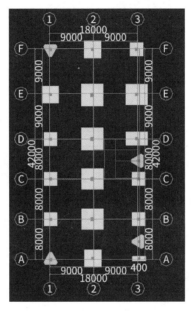

图 13.10　A 区桩承台平面图

通过菜单"汇总计算",查阅工程量报表,即可得 A 区所有桩承台清单,如表 13.1 所示。清单列项时,为了便于手工复核,将不同编号的桩承台进行了区别列项,实际工作中,可以合并列项。

表 13.1　A 区桩承台工程量清单

编码	项目名称	项目特征描述	单位	工程量
010501005001	桩承台基础 (CTJ01)	1.混凝土种类:预拌非泵送; 2.混凝土强度等级:C30	m³	17.35
010501005002	桩承台基础 (CTJ02)	1.混凝土种类:预拌非泵送; 2.混凝土强度等级:C30	m³	33.08
010501005003	桩承台基础 (CTJ03)	1.混凝土种类:预拌非泵送; 2.混凝土强度等级:C30	m³	36.30
010501005004	桩承台基础 (CTJ04)	1.混凝土种类:预拌非泵送; 2.混凝土强度等级:C30	m³	56.70

续表

编码	项目名称	项目特征描述	单位	工程量
010501005005	桩承台基础 (CTJ05)	1. 混凝土种类：预拌非泵送； 2. 混凝土强度等级：C30	m³	48.60
010501005006	桩承台基础 (CTJ06)	1. 混凝土种类：预拌非泵送； 2. 混凝土强度等级：C30	m³	11.14
010501005009	桩承台基础 (CTJ09)	1. 混凝土种类：预拌非泵送； 2. 混凝土强度等级：C30	m³	1.96

13.2.2 绘制基础梁并编制清单

依据结施"承台梁平法施工图"进行承台梁的定义及绘制。根据图中的说明，承台梁顶标高除原位有标注外均为−0.9m。

A轴承台梁的定义如图13.11所示。需要注意，在属性编辑框中将基础梁顶标高设置为图纸给定的标高（层顶标高为−0.9m）。

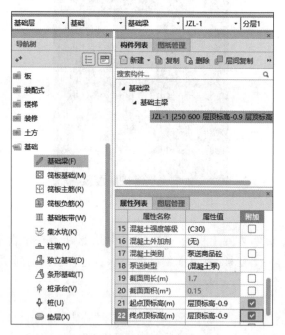

图13.11　基础梁定义

通过单击"建模"→"直线"命令绘制基础梁，依次完成所有规格基础梁的绘制。注意A轴线在②轴右侧有2.3m长框梁挑耳。汇总计算后可得表13.2所示基础梁工程量清单。

表13.2　A区基础梁工程量清单

编码	项目名称	项目特征描述	单位	工程量
010503001001	基础梁	1. 混凝土种类：预拌非泵送； 2. 混凝土强度等级：C30	m³	26.47

13.2.3　绘制基础垫层并编制清单

依据结施"承台平面布置图"进行垫层的定义及绘制。根据图名下方的说明，承台及基础梁下设 100mm 厚 C15 混凝土垫层，每边宽出承台及梁宽 100mm。

承台下方垫层绘制。应用 BIM 软件将垫层定义（新建面式垫层）并套用清单完成后，依次单击"建模"→"智能布置"→"桩承台"，选中所有桩承台，在弹出对话框中设置垫层的出边距离为 100mm，即完成桩承台下方垫层绘制。

承台梁下方垫层绘制。应用 BIM 软件将垫层定义（新建线式矩形垫层）并套用清单完成后，依次单击"建模"→"智能布置"→"梁中心线"，选中所有基础梁，在弹出的对话框中设置垫层左右出边距离为 100mm，起终点出边距离为 0，即完成承台梁下方垫层绘制。A 区垫层绘制完成后的三维效果如图 13.12 所示。

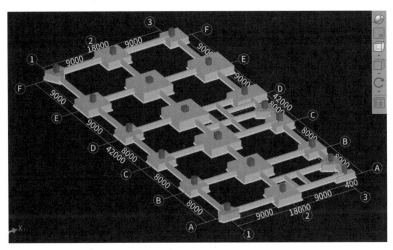

图 13.12　A 区垫层绘制完成后基础部位三维效果图

汇总计算后可得表 13.3 所示垫层工程量清单。

表 13.3　A 区垫层工程量清单

编码	项目名称	项目特征描述	单位	工程量
010501001001	垫层 （承台下方）	1. 混凝土种类：预拌非泵送； 2. 混凝土强度等级：C15	m³	23.99
010501001002	垫层 （承台梁下）	1. 混凝土种类：预拌非泵送； 2. 混凝土强度等级：C15	m³	7.93

13.3　绘制砖基础、构造柱并编制清单

依据结施"承台梁平法施工图"，可以发现"基础圈梁"详图和"构造柱（GZ）"详图，如图 13.13 和图 13.14 所示。"承台梁平法施工图"结合图 13.13 可知，砖基础底标高即承台梁

顶标高,为−0.9m,砖基础顶部设置有地圈梁,截面为 240mm×120mm。承台梁上方是否设置砖基础,还需依据建施"一层平面图"确定,一层相应部位有墙体的,基础梁上方才需要设置砖基础。

由图 13.14 可知,构造柱底标高从地圈梁顶部起,上至楼层框架梁底。从"承台梁平法施工图"可知其他各种规格构造柱的底标高、顶标高设置要求。基础层均未设置构造柱。

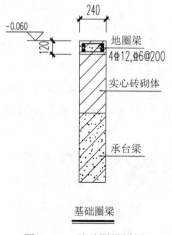

图 13.13　基础圈梁详图

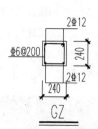

1. 柱纵筋锚入地圈梁内或KL梁内Lae;
2. 上至楼层框架梁底;
3. 构造柱做法见苏G02—2019第66页。

图 13.14　构造柱详图

BIM 软件绘制砖基础的定义流程为:依次单击基础层→"导航树"→"基础"→"条形基础"→"新建条形基础"(见图 13.15)→"新建矩形条形基础单元",在"属性编辑框"中输入矩形条形基础的宽度为 240mm 和高度为 900mm。需要注意图 13.15 条形基础的起终点底标高设置为:层底标高+0.9m。条形基础需要对照建施"一层平面图"进行定位绘制。

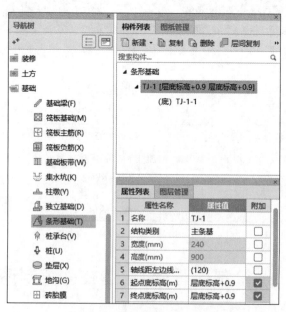

图 13.15　新建条形基础

同样,可以对地圈梁进行定义和绘制。

砖基础墙、地圈梁绘制完成后的效果如图 13.16 所示。

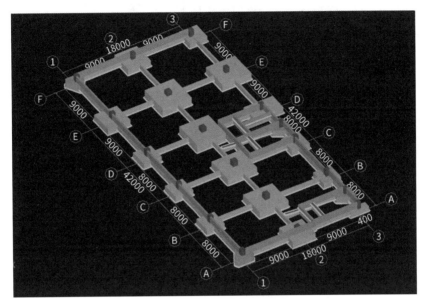

图 13.16　A 区砖基础墙及地圈梁绘制三维效果图

汇总计算完成后,可得砖基础及地圈梁的工程量清单如表 13.4 所示。

表 13.4　A 区砖基础、地圈梁工程量清单

编码	项目名称	项目特征描述	单位	工程量
010401001001	砖基础	1. 砖品种、规格、强度等级:MU20 混凝土实心砖; 2. 基础类型:条形基础; 3. 砂浆强度等级:水泥砂浆 M10	m^3	26.30
010503004001	圈梁	1. 混凝土种类:预拌非泵送; 2. 混凝土强度等级:C25	m^3	4.05

13.4　预制桩绘制及清单编制

依据"桩平面布置图"之桩基设计说明,工程施工前,应进行静载荷试桩,本项目共有 3 根试验桩(S1、S2、S3)。桩基础采用预应力混凝土管桩,共有 260 根桩(含试验桩 3 根)。桩型号为 PHC-500(110)-AB-11,10,表示桩为预应力高强混凝土管桩,桩外径为 500mm,壁厚为 110mm,AB 型桩,单根桩由 11m、10m 共 2 节桩连接而成。桩顶标高为 -1.75m,桩进入承台深度为 50mm。桩尖选用 A 型开口形钢桩尖,查阅苏 G03—2012 可知,桩尖长度取300~450mm,绘图时桩尖长度按 450mm 考虑。采用压力≥300t 的静力压桩机施工。

按照清单规范的列项规定,试验桩(3 根)与其他桩(257 根)需分开列项。BIM 软件编制时选择 m^3 作为其计量单位。

BIM 软件对"桩截面"的定义流程为：依次单击基础层→"导航树"→"基础"→"桩"→"新建异形桩"，在"异形截面编辑器"对话框中设置网格并绘制截面。由于桩壁厚为 110mm，为了准确计算桩的工程量，网格间距选择 10mm。如图 13.17 所示。

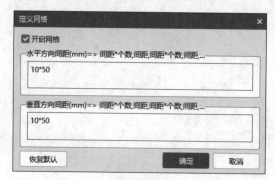

图 13.17 定义网格

由于网格间距较小，网格较密，管桩绘制时可利用"异形截面编辑器"对话框左侧工具条中的"点"命令绘制内外圆弧上的起点、顶点和终点。再利用工具条中的"三点画弧"命令和"直线"命令交替组合绘制完成管桩的左半截面，并通过菜单"设置插入点"将绘图时的参考点设在圆弧圆心处，如图 13.18 所示。

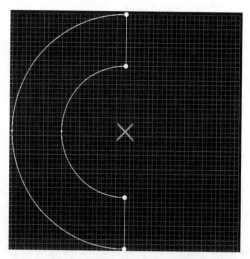

图 13.18 桩(左半)截面绘制

管桩的属性定义如图 13.19 所示，"桩深度"考虑桩尖在内按 21 450mm 输入，"结构类别"为预应力管桩，桩顶标高按照施工图说明，应为"基础底标高＋0.05m"。当桩的截面参数设置有误需要调整时，可单击"属性列表"→"截面形状"一栏的右侧单元格进行修改。

桩属性定义完成后，进行桩的清单套用，如图 13.20 所示。项目特征根据实际情况描述。

试验桩的定义步骤同上述操作，但两者需分开列项。

管桩绘制时，依据结施"桩平面布置图"进行桩的定位。桩定义时只绘制了桩的左侧截面，因此，需要通过"镜像"等命令绘制完成一根完整的桩。本案例桩长、桩顶标高等信息均

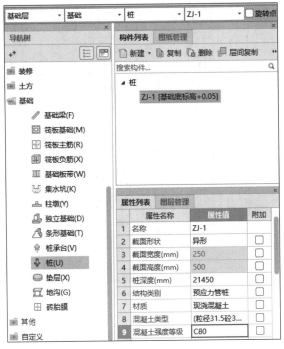

图 13.19 管桩属性定义

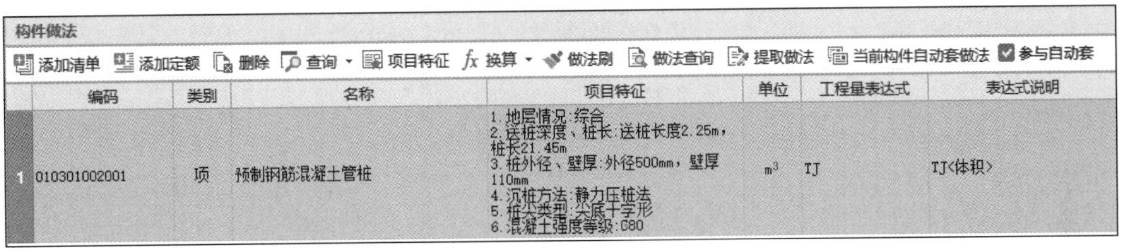

图 13.20 管桩清单套用

相同,单根桩绘制完成后可通过"复制"命令依次绘制完成其他所有的桩。复制时,管桩与轴线之间的相对位置可用"Shift+鼠标左键"命令弹出对话框输入,如图 13.21 所示。

图 13.21 正交偏移设置

　　A 区承台下方桩绘制完成后的三维效果如图 13.22 所示。管桩绘制完成后通过"汇总计算"可查得 A 区范围内管桩的清单,如表 13.5 所示。

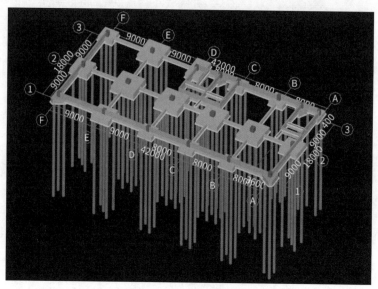

图 13.22　A 区承台下桩基完成效果图

表 13.5　A 区预制钢筋混凝土管桩工程量清单

编码	项目名称	项目特征描述	单位	工程量
010301002001	预制钢筋混凝土管桩	1. 地层情况：综合； 2. 送桩深度、长度：2.25m、21.45m； 3. 桩外径、壁厚：外径 500mm，壁厚 110mm； 4. 沉桩方法：静力压桩法； 5. 桩尖类型：尖底十字形； 6. 混凝土强度等级：C80	m³	289.1
010301002002	预制钢筋混凝土管桩（试验桩）	1. 地层情况：综合； 2. 送桩深度、长度：2.25m、21.45m； 3. 桩外径、壁厚：外径 500mm，壁厚 110mm； 4. 沉桩方法：静力压桩法； 5. 桩尖类型：尖底十字形； 6. 混凝土强度等级：C80	m³	2.89

13.5　绘制平整场地、挖一般土方、回填方并编制清单

13.5.1　绘制平整场地并编制清单

平整场地的清单工程量计算规则为：按设计图示尺寸以建筑物首层建筑面积计算。因此应用 BIM 软件绘制平整场地依据的图纸为建施"一层平面图"。

仍以 A 区为例。BIM 软件对"平整场地"的定义流程为：依次单击首层→"导航树"→"其他"→"平整场地"→"新建平整场地"→"添加清单"。

在已经绘制完首层外墙的模型上,应单击菜单"建模"→"直线",依次拾取墙体外轮廓角点,即可完成平整场地绘制。汇总计算后得到表 13.6 所示工程量清单。

表 13.6　A 区平整场地工程量清单

编码	项目名称	项目特征描述	单位	工程量
010101001001	平整场地	土壤类别:三类干土	m²	778.84

13.5.2　绘制挖一般土方并编制清单

基坑土方采用机械大开挖。BIM 软件对"大开挖土方"的定义流程为:依次单击基础层→"导航树"→"土方"→"大开挖土方"→"新建大开挖土方"选项。

BIM 建模——土方清单

属性列表中的参数需要根据案例的具体情况设置,如图 13.23 所示。土方开挖深度＝垫层底标高－室外地坪标高＝1.9－0.3＝1.6(m);考虑垫层支模,工作面宽从基础边缘起算为 400mm(从垫层边缘起算为 300mm)。采用机械挖土,坑内开挖,查《房屋建筑与装饰工程工程量计算规范》(GB 50854—2013)的放坡系数表可知坡度为 1∶0.25。注意,"底标高"应设置为"垫层底标高";"顶标高"应设置为"垫层底标高＋1.6m"。

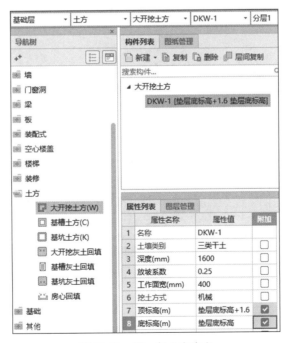

图 13.23　挖一般土方定义

挖一般土方清单套用后通过菜单"建模"→"直线"工具,依次捕捉基础最外边缘角点完成挖一般土方绘制。三维显示效果如图 13.24 所示。

汇总计算后,A 区挖一般土方的清单编制如表 13.7 所示。

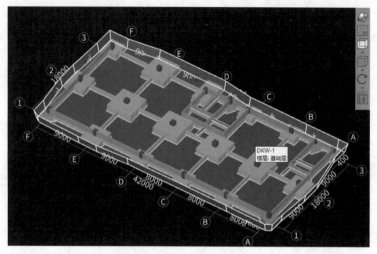

图 13.24　挖一般土方示意图

表 13.7　A 区挖一般土方工程量清单

编码	项目名称	项目特征描述	单位	工程量
010101002001	挖一般土方	1. 土壤类别：三类干土； 2. 挖土深度：1.6m； 3. 弃土运距：外运土方 3km	m³	1 632.26

13.5.3　绘制基础回填方并编制清单

基础回填方的绘制与土方大开挖的绘制相似。BIM 软件对"大开挖灰土回填"的定义流程为：依次单击基础层→"导航树"→"土方"→"大开挖灰土回填"→"新建大开挖灰土回填"，如图 13.25 所示。

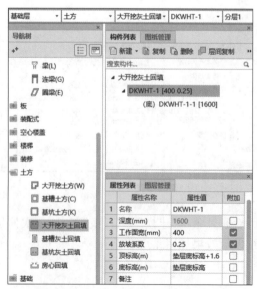

图 13.25　大开挖回填方定义

属性列表中工作面宽度为400mm,坡度系数为0.25,底标高设置为"垫层底标高"。继续"新建大开挖灰土回填单元",属性列表中材质描述为"2∶8灰土",深度为"1600"。添加清单并赋予项目特征(依据结施"承台平面布置图"图名下方的文字说明)后即完成基础回填方清单定义。

选择菜单"建模"→"直线"选项,依次捕捉基础最外边缘角点完成基础回填方绘制。三维显示效果如图13.26所示。

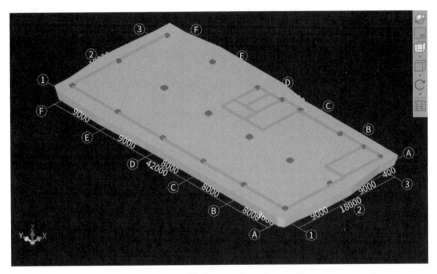

图13.26 基础回填方三维示意图

汇总计算后,A区基础回填方的清单编制如表13.8所示。

表13.8 A区基础回填方工程量清单

编码	项目名称	项目特征描述	单位	工程量
010103001001	回填方 (基础回填)	1. 密实度要求:夯填,压实系数不小于0.94; 2. 填方材料品种:2∶8灰土; 3. 填方来源、运距:外运,3km	m³	1 345.72

回填方一般包括基坑回填方和室内(房心)回填方。室内回填方的厚度根据室内外高差和地面各构造层厚度确定。由建施"工程做法列表"中地面1、地面2、地面3做法可见,主要构造层总厚度均在300mm左右,案例图纸室内外高差为300mm,因此,该案例不存在室内回填方的清单项目。

参照A区的上述操作提示即可完成案例项目所有构件的绘制及清单编制,使用菜单"汇总计算"后即可通过"查看报表"菜单查阅"土建报表量"等分部分项工程及部分单价措施项目工程的工程量清单。在"报表"对话框页面单击菜单"导出",将清单文件命名并保存、导出到Excel文件,即完成项目的BIM软件清单编制。

根据"造价从业人员""二级造价师"等岗位工作实际,对照图纸,查找任务训练中可能缺漏的构件,完善缺漏构件绘制并编制清单。

【任务思考】

任务 14　部分清单项目的工程量计算复核

应用 BIM 软件编制项目的招标工程量清单,需要综合应用工程项目的建筑施工图、结构施工图,并依据 BIM 软件的模块导航栏提示及相关构件的参数设置要求,准确设置各构件形体的相关参数,这是清单项目准确出量的前提。造价从业人员应该具备用传统手工方法复核清单项目工程量的基本能力。

14.1　土方工程量计算

14.1.1　挖基坑土方(挖一般土方)工程量计算

《房屋建筑与装饰工程工程量计算规范》(GB 50854—2013)中将底面积≤150m² 的基坑列项为挖基坑土方,将>150m² 的基坑列项为挖一般土方。坑底为四边形,土方开挖深度≤放坡起点深度时,土壁为直立壁,土方形体为四棱柱体;土方开挖深度>放坡起点深度时,需要放坡开挖,土方形体为四棱台,工程量按式 14.1 计算。

$$V=\frac{h}{6}[a\times b+A\times B+(A+a)\times(B+b)] \tag{14.1}$$

式中: h ——基坑土方开挖深度;

a,b ——坑底的长度和宽度,垫层支模板时, a,b 分别为垫层长度与宽度各加一个工作面宽度确定;

A,B ——放坡后坑上口的长度和宽度。四边放坡的基坑,当坡度系数为 m 时, $A=a+2mh$; $B=b+2mh$ 。

土方开挖深度超过表 14.1 各类土的放坡起点深度时,为防止边坡塌方,需按规定放坡,放坡系数见表 14.1。

表 14.1　放坡系数表

土壤类别	放坡起点/m	人工挖土	机械挖土		
			在坑内作业	在坑上作业	顺沟槽在坑上作业
一、二类土	1.20	1:0.5	1:0.33	1:0.75	1:0.5
三类土	1.50	1:0.33	1:0.25	1:0.67	1:0.33
四类土	2.00	1:0.25	1:0.10	1:0.33	1:0.25

基础和管沟施工时,为方便工人操作和基础模板支设,常需在基础外侧留有一定的施工

工作面。基础工作面的宽度见表 14.2。

表 14.2　基础施工所需工作面宽度

基 础 材 料	每边各增加工作面宽度/mm
砖基础	200
浆砌毛石、条石基础	150
混凝土基础垫层支模板	300
混凝土基础支模板	300
基础垂直面做防水层	1000(防水层面)

注：本表按《全国统一建筑工程预算工程量计算规则》(GJDGZ—101—95) 整理

【示例 14.1】　基坑土方开挖清单工程量计算。案例工程项目,基础土方工程若采用人工挖土,试计算 A 轴与②轴相交处的 CTJ02 的基坑土方开挖工程量。

1) 分析

(1) 识读结施"承台平面布置图"知,A 轴与②轴相交处的 CTJ02 的承台底部长度×宽度=3 500mm×3 500mm,对应垫层的长度×宽度=3 700mm×3 700mm;根据图名下方的注解说明,未注明的承台底标高为−1.8m,则相应垫层底标高为−1.9m。由结构设计说明的 1.6 条可知,室内外地坪的高差值为 300mm,由此可推断,CTJ02 基坑土方的开挖深度 $h=1.9-0.3=1.6(m)$。

(2) 基坑土壤为三类干土,由表 14.1 可知,放坡起点高度为 1.5m,开挖深度为 1.6m>1.5m,需要四边放坡开挖,采用人工挖土,坡度系数取 1:0.33。土方形体为四棱台,尺寸参数如图 14.1 所示。

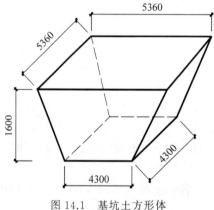

图 14.1　基坑土方形体

2) 解答

(1) 坑底面积=(3.7+0.3×2)×(3.7+0.3×2)=18.49m² <150m²,清单列项为挖基坑土方。

(2) 坑上口的长度(宽度)=4.3+2×0.33×1.6=5.36(m)

$$挖基坑土方工程量 V=\frac{h}{6}[a\times b+A\times B+(A+a)\times(B+b)]$$
$$=1.6/6\times[4.3^2+5.36^2+(4.3+5.36)^2]$$
$$=37.48(m^3)$$

14.1.2　挖沟槽土方工程量计算

依据《房屋建筑与装饰工程工程量计算规范》(GB 50854—2013),底宽≤7m,底长大于3倍底宽的土方开挖为挖沟槽土方,如图14.2为放坡时沟槽土方示意。工程量计算时,注意交接处重复部分的土方工程量不予扣除。沟槽土方工程量＝沟槽断面面积×沟槽长度。外墙下沟槽取中心线长度,内墙下沟槽取其净长。

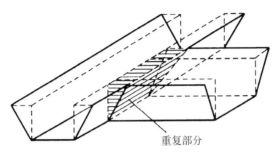

重复部分

图14.2　沟槽放坡时,交接处重复工程量示意图

14.1.3　回填方工程量计算

土方回填工程量包括两部分,一是基础土方回填工程量,它是挖方体积减去自然地坪以下埋设的基础体积之差值;二是室内回填土方工程量,计算规则是主墙间面积乘以回填厚度,回填厚度为室内外高差值减去建筑施工图中确定的地面构造层厚度值。

【示例14.2】　基坑回填土方清单工程量计算。案例工程项目中,基坑土方回填采用坑边取土,人工挖土,试计算A轴与②轴相交处的CTJ02的基坑回填土方工程量。

1)分析

基坑回填方应在总挖方量基础上扣除埋设在室外地坪以下的垫层、基础(承台)、柱子的混凝土工程量。由"承台平面布置图"和"框架柱平面布置图"可知上述构件的形体尺寸。由示例14.1可知,$V_{挖}=37.48\text{m}^3$。

2)解答

(1)垫层体积:$V_{垫}=3.7\times3.7\times0.1=1.369(\text{m}^3)$;

(2)承台体积:$V_{\text{CTJ}}=3.5\times3.5\times0.9=11.025(\text{m}^3)$;

(3)室外地坪以下KZ体积:读图可知,KZ截面尺寸为600mm×600mm,承台底标高为-1.8m,承台厚度为0.9m,室内外高差为300mm,因此

$$V_{\text{KZ}}=0.6\times0.6\times(1.8-0.9-0.3)=0.216(\text{m}^3)$$

(4)基坑回填方:$V_{回填}=37.48-1.369-11.025-0.216=24.87(\text{m}^3)$。

【示例14.3】　室内回填方清单工程量计算。案例工程项目中,计算首层4号楼梯间室内回填方工程量。

1) 分析

项目室内外高差值 300mm,依据图纸,楼梯间地面构造做法适用"工程做法列表"中的"地面 3",面层至垫层总的构造厚度=10+30+100+150=290(mm),因此,室内回填厚度=0.3-0.29=0.01(m)。

2) 解答

$$V_{室内}=(6.8+0.4-0.24)\times(3.6-0.24)\times0.01=0.23(m^3)$$

14.2　桩基工程量计算

桩基础是由若干根桩和桩顶的承台组成的一种常用的深基础,具有承载能力大、抗震性能好、沉降量小的特点。按施工方法的不同,桩可分为预制桩和灌注桩,预制桩在工厂或施工现场制成,再用沉桩设备将桩打入、压入、振入土中。灌注桩是在施工现场的桩位上先成孔,然后在孔内放入钢筋并灌入混凝土。按成孔方法不同,有钻孔、沉管等多种类型的灌注桩。

预制桩常见的类型有预制钢筋混凝土方桩、预制钢筋混凝土管桩等,灌注桩常见的有泥浆护壁成孔灌注桩、沉管灌注桩等。

14.2.1　预制桩的常见类型及编号

1.方桩种类和编号

1) 方桩种类

根据《预制钢筋混凝土方桩》(04G361)图集,方桩的种类分为锤击整根桩、锤击焊接桩和静压整根桩、静压焊接桩、静压锚接桩。代号如下。

锤击桩:ZH(整根桩)和 JZH(接桩);静压桩:AZH(整根桩)和 JAZH(接桩);焊接桩:用脚注 b 表示,如 JZH$_b$;锚接桩:用脚注 a 表示,如 JAZH$_a$。

2) 方桩编号

整根桩编号:ZH(锤击桩,AZH 静压桩)-××(边长,厘米)-××(长度,米)A、B 或 C(组别)G(钢靴);接桩编号:JZH$_b$(锤击焊接桩,JAZH$_b$ 静压焊接桩,JAZH$_a$ 静压锚接桩)-×(分段数)××(边长,厘米)-×(上段长 L1,米)×(中段长 L2,米)×(下段长 L3,米)A、B 或 C(组别)G(钢靴)。

2. 空心方桩代号与标记

根据《预应力混凝土空心方桩》(08SG3601)图集,预应力高强混凝土空心方桩的代号为 PHS,预应力混凝土空心方桩的代号为 PS,桩型分为 A 型、AB 型、B 型三种。

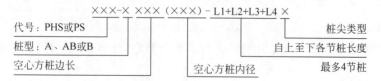

空心方桩的标记为：

如 PHS-A450(250)−10＋13＋15c 表示的是：预应力高强混凝土 A 型空心方桩，空心方桩外边长 450mm，内径为 250mm，自上至下共三节桩，长度分别为 10m、13m、15m，C80 混凝土，桩类类型为 c。

3. 管桩分类和编号

根据《预应力混凝土管桩》（苏 G03—2012）图集，管桩按桩身混凝土强度等级分为预应力高强混凝土管桩（代号 PHC）和预应力混凝土管桩（代号 PC），桩身混凝土强度等级分别不得低于 C80 和 C60。管桩按桩身混凝土有效预压应力值或其抗弯性能分为 A 型、AB 型、B 型 和 C 型四种。

管桩型号表示如下：

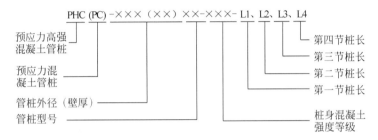

如 PHC-500(125)AB-C80-9、12、15 表示的是：预应力高强混凝土管桩，外径为 500mm，壁厚 125mm，AB 型桩，混凝土强度等级为 C80，第一、二、三节桩长分别为 9m、12m、15m。

14.2.2 预制桩工程量计算

预制钢筋混凝土桩工程量计算表达式如下。

1. 打方桩体积

$$V = a^2 \times L \times N \tag{14.2}$$

式中：a——方桩边长；

L——设计桩长，包括桩尖长度（不扣减桩尖虚体积）；

N——桩根数。

2. 管桩体积

$$V = \frac{\pi}{4}(D^2 - d^2) \times L \times N \tag{14.3}$$

式中：D——管桩外径；

d——管桩内径；

L——设计桩长，包括桩尖长度（不扣减桩尖虚体积）；

N——桩根数。

空心方桩的定额工程量计算与上述管桩体积计算类似，注意扣除中间空心部分的体积。

【示例 14.4】 管桩清单工程量计算。案例工程项目中,计算 A 轴与①轴相交处承台下管桩的清单工程量,桩尖长度按 500mm 考虑。

1) 分析

(1) 由结施"桩平面布置图"可知,A 轴与①轴相交处的承台下方共有 3 根管桩,依据桩基设计说明,桩的规格型号为 PHC-500(110)-AB-11,10。

(2) 可以按根、m、m³ 为单位计算清单工程量。以 m³ 计量时,按设计图示截面积乘以桩长(包括桩尖)以实体积计算。

2) 解答

$$V_{桩} = \frac{\pi}{4}[0.5^2 - (0.5 - 2 \times 0.11)^2] \times (11 + 10 + 0.5) \times 3$$
$$= 8.69(m^3)$$

14.3 砌体工程量计算

房屋建造中,常使用砖砌条形基础;框架及框架剪力墙结构中,常使用砌块墙作为填充墙;砌体结构的房屋中,砖砌体材料应用更为广泛。按砌筑工程所使用的块材分,有砖、石、砌块等材料;按块材所使用的黏结材料来分,有水泥砂浆和混合砂浆等。

砌体工程的清单列项根据建筑或结构施工图中的砌体材料的类型,根据《房屋建筑与装饰工程量计算规范》(GB 50854—2013)的附录说明进行。

砌体工程工程量计算的常用规则是:按设计图示尺寸以体积计算。扣除门窗洞口、过人洞、空圈、嵌入墙内的钢筋混凝土柱、梁、圈梁、挑梁、过梁及凹进墙内的壁龛、管槽、暖气槽、消火栓箱所占体积,不扣除梁头、板头、檩头、垫木、木楞头、沿缘木、木砖、门窗走头、砌块墙内加固钢筋、木筋、铁件、钢管及单个面积≤0.3m² 的孔洞所占的体积。凸出墙面的腰线、挑檐、压顶、窗台线、虎头砖、门窗套的体积亦不增加。凸出墙面的砖垛并入墙体体积内计算。

【示例 14.5】 砌体清单工程量计算。案例工程项目中,计算首层①轴砌体的清单工程量。

1) 分析

(1) 由"3—3 剖面图"可知,首层层高 4.5m。由"二层梁平法施工图"可知,①轴框架梁截面尺寸为 250mm×750mm。±0.000 以下砌体材料为混凝土普通砖,±0.000 以上为煤矸石烧结多孔砖,首层墙体从±0.000 向上起算至首层框架梁梁底,清单列项为多孔砖墙。墙高＝4 500－750＝3 750(mm)。由"框架柱平面布置图"可知,①轴框架柱截面尺寸均为 600mm×600mm。

局部砌体
清单量

(2) 与①轴砌体工程量计算有关的还有窗洞 C3320。依据"结构设计说明"7.10 条,底层的砌体填充墙应设置通长的钢筋混凝土窗台梁,高度 120mm,宽度同墙厚。构造柱设置见结施"承台梁平法施工图"。

(3) 判断窗顶上方是否存在独立设置的过梁。由 3—3 剖面图可知,首层①轴窗台离地

1 000mm，C3320 窗高 2 000mm，框架梁截面高 750mm，因此，窗户上方的砌体高度为 4 500－750－1 000－2 000＝750(mm)，因此，需要独立设置窗顶过梁。

（4）依据"结构设计说明"4.6 条，过梁选择国标图集《钢筋混凝土过梁》，型号为 GL-4×2P(用于 240mm 墙厚)，过梁宽度同墙宽，两端搁置长度范围内如遇有现浇柱时，改为现浇。查图集可知，过梁截面高度为 240mm。

2）解答

（1）①轴墙净长＝42－0.225－0.475－4×0.6＝38.9(m)，墙净高＝4.5－0.75＝3.75(m)；

（2）①轴砌体墙工程量

$$V_{墙}＝38.9×3.75×0.24－3.3×2×0.24×10(扣窗洞体积)－38.9×0.12×0.24(扣窗台梁体积)－(0.6×0.24×3.75×3＋0.24×0.24×3.75×8＋0.03×0.24×3.75×22－0.03×0.24×2×20)(扣构造柱体积)－(3.3×0.24×0.24×10)(扣过梁体积)＝12.50(m^3)$$

14.4　钢筋混凝土构件工程量计算

钢筋及混凝土是房屋建筑工程中的两种主要工程材料，常见的框架结构、框架剪力(抗震)墙结构以及剪力墙结构的房屋中，都涉及大量的钢筋和混凝土的应用。基础分部工程中独立柱基(包括桩承台基础)、条形基础、筏板基础以及地下室的外墙等，都离不开钢筋和混凝土的应用；上部主体结构中的柱、剪力墙、楼梯、梁、板、阳台等通常都使用钢筋和混凝土材料。

【示例 14.6】　三桩承台清单工程量计算。案例工程项目中，计算基础层 A 轴与①轴相交处的三桩承台(CTJ01)的清单工程量。

1）分析

A 轴与①轴相交处的三桩承台如图 14.3 所示。平面上，承台是一个大的等边三角形，三角形高＝500＋580＋1 435＋500＝3 015(mm)，在三个顶点处切去三个高为 500mm 的等边三角形而成。由图可知，承台的厚度为 900mm。

三桩承台
的清单量

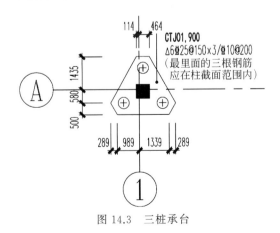

图 14.3　三桩承台

2) 解答

$$V_{\mathrm{CT}} = \left(\frac{H^2}{\sqrt{3}} - 3 \times \frac{h^2}{\sqrt{3}}\right) \times 0.9 = \left(\frac{3.015^2}{\sqrt{3}} - 3 \times \frac{0.5^2}{\sqrt{3}}\right) \times 0.9 = 4.33 (\mathrm{m}^3)$$

【示例 14.7】 框架柱清单工程量计算。案例工程项目中,计算 A 区 B 轴与②轴相交处矩形柱的清单工程量。

1) 分析

(1) 由结构设计说明 4.1 条可知,标高在基础顶～4.45m 区间,柱混凝土强度等级为 C35,标高在 4.45m 以上,混凝土强度等级为 C30。根据清单列项的规定,混凝土强度等级不同时需分开列项。

(2) 依据"框架柱配筋图"及"框架柱配筋表"可知,标高在基础顶－12.050m 区间,柱截面尺寸为 750mm×750mm;标高在 12.050～15.850m,柱截面尺寸为 600mm×600mm;标高在 15.850～23.450m,柱截面尺寸为 500mm×500mm。

(3) 根据按混凝土体积推算含钢量、含模量的需要,柱区分截面周长≤1.6m、≤2.5m、≤3.6m 分开列项。

(4) 依据承台平面布置图,B 轴与②轴相交处的承台厚 1 000mm,承台底标高为－1.8m,因此,承台顶标高为－0.8m。不同位置框架柱下方基础高度(承台厚度)可能会不同,基础顶标高的确定会直接影响框架柱的清单工程量。

(5) 清单工程量计算规则为:按设计图示尺寸以体积计算,柱的计算高度范围是从基础顶至柱顶。计算时,需根据列项的情况分区段计算,使工程量的计算更能满足清单编制及计价的需要。

2) 解答

(1) 标高在基础顶～4.45m 区间,混凝土 C35,柱截面 750mm×750mm,柱周长<3.6m,$V_{柱1} = 0.75^2 \times (0.8 + 4.45) = 2.95 (\mathrm{m}^3)$;

(2) 标高在 4.45～12.05m,混凝土 C30,柱截面 750mm×750mm,柱周长<3.6m,$V_{柱2} = 0.75^2 \times (12.05 - 4.45) = 4.28 (\mathrm{m}^3)$;

(3) 标高在 12.05～15.85m,混凝土 C30,柱截面 600mm×600mm,柱周长<2.5m,$V_{柱3} = 0.6^2 \times (15.85 - 12.05) = 1.37 (\mathrm{m}^3)$;

(4) 标高在 15.85～23.45m,混凝土 C30,柱截面 500mm×500mm,柱周长<2.5m,$V_{柱4} = 0.5^2 \times (23.45 - 15.85) = 1.9 (\mathrm{m}^3)$。

【示例 14.8】 有梁板清单工程量计算。案例工程项目中,计算 A 区一层层顶①轴～③轴与 E 轴～F 轴所围成区格有梁板的清单工程量。

1) 分析

(1) 由"结构设计说明"4.1 条可知,梁、板等构件混凝土强度等级为 C30。

(2) 一层层顶结构标高为 4.45m,有梁板工程量计算对应的结构施工图为"二层梁平法施工图"和"二层结构平面图",对应梁顶、板顶标高均为 4.45m。

(3) 有梁板清单工程量计算规则:按设计图示尺寸以体积计算,不扣除单个面积≤0.3m² 的柱、垛以及孔洞所占体积。有梁板(包括主、次梁与板)按梁、板体积之和计算。梁长:梁与柱连接时,梁长算至柱侧面;主梁与次梁连接时,次梁长算

局部有梁板清单量

至主梁侧面。

（4）由"框架柱平面布置图"可知，①轴～③轴与 E 轴～F 轴的 A-KZ1、A-KZ2a、A-KZ4、A-KZ5、A-KZ8，其中，A-KZ5 的截面尺寸为 $0.75 \times 0.75 = 0.563(\text{m}^2)$，其余框架柱的截面尺寸均为 $0.6 \times 0.6 = 0.36(\text{m}^2)$，区格内 F 轴单个柱头的面积均 $> 0.3\text{m}^2$，有梁板清单工程量计算时需扣除 F 轴柱头所占体积。

（5）由"二层梁平法施工图"可知，对应区格的①轴、②轴、③轴框架梁的编号与截面尺寸分别为 A-KL1(5)：250×750、A-KL2(5)：300×750、A-KL3(7)：250×750，其间的两根次梁的编号与截面尺寸分别为 A-L1(5)：250×650、A-L4(2A)：250×650；E 轴、F 轴框架梁的编号与截面尺寸分别为 A-KL10(2)：300×750、A-KL11(2)：250×750，其间的一根次梁的编号与截面尺寸分别为 A-L7(2)：250×650。

（6）由"二层结构平面图"可知，对应区格的板厚为 120mm。

2）解答

（1）指定区格①轴、②轴、③轴框架梁及其间次梁工程量。

$$V_{1\text{轴KL}} = 0.25 \times (0.75 - 0.12) \times (9 - 0.125 - 0.475) = 1.323(\text{m}^3)$$
$$V_{2\text{轴KL}} = 0.3 \times (0.75 - 0.12) \times (9 - 0.125 - 0.475) = 1.588(\text{m}^3)$$
$$V_{3\text{轴KL}} = 0.25 \times (0.75 - 0.12) \times (9 - 0.125 - 0.475) = 1.323(\text{m}^3)$$
$$V_{1\text{轴}+4.5\text{m次梁}} = 0.25 \times (0.65 - 0.12) \times (9 - 0.125 \times 2 - 0.25) = 1.126(\text{m}^3)$$
$$V_{2\text{轴}+4.5\text{m次梁}} = 1.126(\text{m}^3)$$

（2）指定区格 E 轴、F 轴框架梁及其间次梁工程量。

$$V_{\text{E轴KL}} = 0.3 \times (0.75 - 0.12) \times (18 - 0.475 \times 2 - 0.75) = 3.081(\text{m}^3)$$
$$V_{\text{F轴KL}} = 0.25 \times (0.75 - 0.12) \times (18 - 0.475 \times 2 - 0.6) = 2.591(\text{m}^3)$$
$$V_{\text{E轴}+4.5\text{m次梁}} = 0.25 \times (0.65 - 0.12) \times (18 - 0.25 \times 3 - 0.3) = 2.246(\text{m}^3)$$

（3）指定区格板的混凝土工程量。

$$V_{\text{板}} = (9 + 0.175 + 0.125) \times (18 + 0.125 \times 2) \times 0.12 = 20.367(\text{m}^3)$$

（4）指定区格有梁板混凝土清单工程量。

$$V_{\text{有梁板}} = 1.323 \times 2 + 1.588 + 1.126 \times 2 + 3.081 + 2.591 + 2.246 + 20.367 - 3 \times 0.36$$
$$= 33.69(\text{m}^3)$$

【示例 14.9】　钢筋混凝土楼梯清单工程量计算。案例工程项目中，计算 A 区 4 号楼梯在第三层的清单工程量，分别用 m^2 和 m^3 为单位计量。

1）分析

（1）识读建筑施工图中的"建筑大样图三"，可见 4 号楼梯的楼层平面图详图及剖面图，结合《房屋建筑与装饰工程工程量计算规范》(GB 50854—2013)楼梯的列项分类，4 号楼梯的清单列项为直形楼梯。

（2）依据《房屋建筑与装饰工程工程量计算规范》(GB 50854—2013)，楼梯的清单工程量可以用 m² 为单位计量,按设计图示尺寸以水平投影面积计算。不扣除宽度≤500mm 的楼梯井,伸入墙内部分不计算;也可以按 m³ 计量,按设计图示尺寸以体积计算。

（3）整体楼梯（包括直形楼梯、弧形楼梯）水平投影面积包括中间休息平台、平台梁、斜梁和与楼梯相连的楼层梁。当整体楼梯与楼层现浇楼板无梯梁连接时,以楼梯的最后一个踏步边缘加 300mm 为界。

（4）以 m² 为单位计量时,需结合建施"4 号楼梯四层平面图"及结施"四层梁平法施工图"进行工程计量;以 m³ 为单位计量时,还需使用到结施"4 号楼梯详图"。由结构设计说明可知,内外墙厚均为 240mm。

2）解答

（1）以 m² 为单位计算楼梯工程量。4 号楼梯第三层平面图如图 14.4 所示。查阅"四层梁平法施工图"可知,该楼梯与楼层相连的楼梯梁为 A-L9(1)：250mm×400mm。

4 号楼梯在第三层的工程量为：

$$S = (2.97 + 1.7 + 0.125 + 0.25 - 0.24) \times (3.6 - 0.24) = 16.15(\text{m}^2)$$

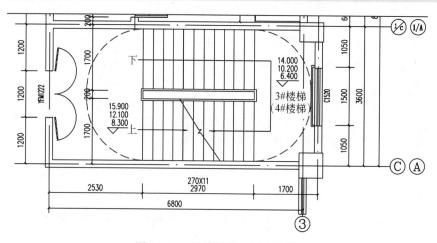

图 14.4 4 号楼梯第三层平面图

（2）以 m³ 为单位计算楼梯工程量。

① 结施 4 号楼梯详图,梯段板编号均为 ATb2,$h = 130\text{mm}$。踏步尺寸 $b \times h = 270\text{mm} \times 158\text{mm}$。

$$\begin{aligned} V_{\text{梯段}} &= \sqrt{2.97^2 + (1.9 - 0.158)^2} \times (1.7 - 0.12) \times 0.13 \times 2 + 0.158 \times 0.27/2 \\ &\quad \times (1.7 - 0.12) \times 11 \times 2 \\ &= 2.156(\text{m}^3) \end{aligned}$$

② 由节点详图 1 可知,梯段起步处的挑板截面尺寸为 270mm×150mm,长度 $= 1.7 - 0.12 = 1.58(\text{m})$。

$$V_{\text{挑板}} = 0.27 \times 0.15 \times 1.58 \times 2 = 0.128(\text{m}^3)$$

③ 与楼层连接梁的体积,$V_{\text{L9}} = 0.25 \times 0.4 \times (3.6 - 0.25) = 0.335(\text{m}^3)$。

④ 由三层结构平面图 4 号楼梯位置处标注可知,中间休息平台板厚为 100mm,四周平台梁的编号分别为四层梁平法施工中 4 号楼梯对应位置的 A-L9 和 4 号楼梯详图中的 TL1(3),截面尺寸均为 250mm×400mm。

$$
\begin{aligned}
V_{PT} &= (1.7 + 0.125 - 0.24) \times (3 + 0.24) \times 0.1 + (3 - 0.24) \times 0.25 \times (0.4 - 0.1) + \\
&\quad (3.6 - 0.375 \times 2) \times 0.25 \times 0.3 + (1.7 + 0.125 - 0.4 - 0.5) \times 0.25 \times 0.3 \times 2 \\
&= 1.073(\text{m}^3)
\end{aligned}
$$

⑤ $V_{楼梯} = V_{梯段} + V_{挑板} + V_{L9} + V_{PT}$
$= 2.156 + 0.128 + 0.335 + 1.073$
$= 3.69(\text{m}^3)$

【示例 14.10】 后浇带清单工程量计算。案例工程项目,计算 B 区在一层层顶的混凝土后浇带清单工程量。

1)分析

(1)后浇带从功能上分为沉降后浇带、温度后浇带和伸缩后浇带三种。《混凝土结构设计规范》(GB 50010—2010)中规定,如有充分依据和可靠措施,规范列表中的伸缩缝最大间距可适当增大,混凝土浇筑采用后浇带分段施工。如一普通框架结构房屋总长 60m,超过了 55m 的伸缩缝的最大间距值,按《混凝土结构设计规范》(GB 50010—2010)规定,需要留设伸缩缝。但倘若设计中采用了后浇带分段施工,则伸缩缝可以不设。

局部后浇带清单量

(2)后浇带混凝土浇筑,伸缩后浇带视先浇部分混凝土的收缩完成情况而定,一般为施工后 60 天;沉降后浇带宜在建筑物基本完成沉降后进行。在一些工程中,设计单位对后浇带的保留时间有特殊要求,应按设计要求进行后浇带混凝土浇筑;后浇带混凝土必须采用无收缩混凝土,可采用膨胀水泥配制,混凝土强度应提高一个等级。

(3)一层层顶梁板施工图为"二层梁平法施工图"及"二层结构平面图",分析可知,在 B 区 ⑧⑨轴线间均有 800mm 宽的混凝土后浇带的标志,后浇带的右侧距⑨轴 2500mm。由"结构设计说明"6.5 条可知,后浇带混凝土应采用比两侧混凝土强度等级高一个等级的补偿伸缩混凝土。结合"结构设计说明"4.1 条可知,后浇带混凝土采用 C35 级补偿伸缩混凝土。

(4)按《房屋建筑与装饰工程工程量计算规范》(GB 50854—2013),后浇带清单工程量计算规则为:按设计图示尺寸以体积计算。此例为有梁板的后浇带,后浇带工程量计算针对的是宽度为 800mm 范围内的梁板体积之和。

2)解答

(1)由二层结构平面图可知,板厚为 120mm,后浇带范围内板的混凝土工程量。

$$
V_{板} = (9 \times 2 + 0.125) \times 0.8 \times 0.12 = 1.74(\text{m}^3)
$$

(2)由二层梁平法施工图,后浇带范围内梁的混凝土工程量。

$$
\begin{aligned}
V_{梁} &= 0.25 \times (0.75 - 0.12) \times 0.8 \times 2 + 0.25 \times (0.65 - 0.12) \times 0.8 \times 2 + 0.3 \times \\
&\quad (0.75 - 0.12) \times 0.8 \\
&= 0.615(\text{m}^3)
\end{aligned}
$$

（3）后浇带清单工程量。

$$V_{后浇带}=1.74+0.615=2.36(m^3)$$

【示例 14.11】 计算示例 14.6～示例 14.9 构件中的钢筋及模板的清单工程量，按含钢量和含模量计算。模板均采用复合木模板。

1）分析

示例 14.6～示例 14.9 涉及的钢筋混凝土构件主要有：桩承台、柱、有梁板、楼梯等。可依据《江苏省建筑与装饰工程计价定额》的附录一"混凝土及钢筋混凝土构件模板、钢筋含量表"计算各类构件钢筋、模板工程量。

2）解答

各类构件中钢筋、模板工程量见表 14.3 中"钢筋工程量""模板工程量"列所示。

表 14.3 混凝土构件钢筋、模板工程量计算

序号	构件名称	混凝土工程量 /m³	含钢量 /(t/m³)	钢筋工程量 /t	含模量 /(m²/m³)	模板工程量 /m²
1	承台	4.33	ϕ12 以内		1.76	7.62
			0.012	0.052		
			ϕ12 以外			
			0.028	0.121		
2	矩形柱 （周长≤3.6m）	7.23	ϕ12 以内		5.56	40.20
			0.052	0.376		
			ϕ12 以外			
			0.122	0.882		
3	矩形柱 （周长≤2.5m）	3.27	ϕ12 以内		8.00	26.16
			0.050	0.164		
			ϕ12 以外			
			0.116	0.379		
4	有梁板 （板厚≤200mm）	33.69	ϕ12 以内		8.07	271.88
			0.043	1.449		
			ϕ12 以外			
			0.1	3.369		
5	楼梯	16.15	ϕ12 以内		按 10m² 水平投影面积计算	1.615
			0.036	0.058		
			ϕ12 以外			
			0.084	0.136		

14.5　防水、保温工程量计算

防水是房屋必不可少的一项功能要求。房屋的屋面,地下室的墙面、地面,厨房、卫生间的楼地面以及其他与水接触的房间的楼地面都是需要进行防水的部位。按防水材料的种类来分,屋面有瓦屋面、型材屋面、阳光板屋面、玻璃钢屋面和膜结构屋面等。按防水层的做法分,有卷材防水、涂膜防水、防水砂浆防水和细石混凝土刚性层防水等多种防水做法。

案例工程中的屋面采用了卷材防水与细石混凝土防水的双道防水做法;卫生间则采用了聚氨酯防水涂膜的防水构造;外墙采用了设置防水砂浆防水层、批刮防水腻子等防水构造。

"碳达峰、碳中和"背景下,绿色节能建筑的应用越来越广泛。建筑节能的途径之一是减少建筑围护结构的能量损失。建筑物围护结构的能量损失主要来自外墙、门窗、屋顶等部位,这三个部位的节能技术各国建筑界都非常关注,主要发展方向是,采用保温、隔热材料和切实可行的构造技术,以提高围护结构的保温、隔热性能和密闭性能。建筑用保温、隔热材料主要有岩棉、矿渣棉、玻璃棉、聚苯乙烯泡沫、膨胀珍珠岩、膨胀蛭石、加气混凝土等。

【示例 14.12】 案例工程项目,计算 B 区局部七层屋面防水、隔热等工程的清单工程量。

1) 分析

(1) B 区局部七层屋顶平面图见建施"屋顶平面图"之"机房层屋顶平面图",由图可见,此屋面为不上人屋面,构造做法的编号为 W1。由建施"工程做法列表"可知,W1 的构造做法从下至上依次为:现浇钢筋混凝土楼板→MLC 轻质混凝土 2‰找坡,最薄处 100mm厚→20mm 厚 1∶3 水泥砂浆找平层→4mm 厚 APP 防水卷材→10mm 厚 1∶3 石灰砂浆隔离层→40mm 厚 C30 细石混凝土(内配 $\phi4@150$ 双向钢筋)。

(2) 屋面防水卷材泛水高度按 300mm 考虑。找平层泛水高度与卷材相同。

(3) 屋面卷材防水工程量计算规则:按设计图示尺寸以面积计算。斜屋顶(不包括平屋顶找坡)按斜面积计算,平屋顶按水平投影面积计算;不扣除房上烟囱、风帽底座、风道、屋面小气窗和斜沟所占面积;屋面的女儿墙、伸缩缝和天窗等处的弯起部分,并入屋面工程量内。

(4) 屋面刚性层工程量计算规则:按设计图示尺寸以面积计算。不扣除房上烟囱、风帽底座、风道等所占面积。

(5) 保温隔热屋面工程量计算规则:按设计图示尺寸以面积计算。扣除面积$>0.3m^2$孔洞及占位面积。

2) 解答

(1) 隔热层清单工程量(MLC 轻质混凝土 2‰找坡,最薄处 100mm 厚)。

$$S=(9-0.24)\times(18+0.4\times2+0.3-0.24-0.12)=164.16(m^2)$$

　　(2) 找平层清单工程量(20mm 厚 1 : 3 水泥砂浆找平层)。

$$S = 164.16 + (9 - 0.24 + 18.8 + 0.3 - 0.36) \times 2 \times 0.3 = 191.66 (m^2)$$

　　(3) 卷材防水工程量(4mm 厚 APP 防水卷材)。
　　泛水做法同找平层,工程量

$$S = 191.66 m^2$$

　　(4) 刚性防水层工程量[40mm 厚 C30 细石混凝土(内配 $\phi 4@150$ 双向钢筋)]。

$$S = 164.16 m^2$$

14.6　装饰工程量计算

　　建筑装饰通常给人们以美的享受。建筑装饰工程通常包括楼地面装饰、墙柱面装饰、天棚装饰等多个分项工程。

　　楼地面是建筑物底层地面和楼层地面的总称,一般由基层、垫层和面层三部分组成。按工程做法或面层材料不同,楼地面可分为整体面层、块材面层、木地面、地毯地面,特殊地面等。整体面层主要是指水泥砂浆面层、混凝土面层、现浇水磨石面层、自流坪地面及抗静电地面等;块材面层主要是指陶瓷锦砖、地砖、花岗石、大理石及人造石材等做的楼地面铺装。

　　墙、柱面装饰的主要目的是保护墙体与柱,让被装饰墙柱清新环保,美化建筑环境。从构造上分,墙、柱面装饰分为抹灰类、贴面类和镶贴类等多种做法。

　　天棚抹灰、吊顶是天棚常见的装修方式。

　　从建筑施工图的"工程做法列表"中可以查阅到案例工程的楼地面、墙柱面、天棚的相关构造做法。

　　【示例 14.13】　计算楼地面、墙面、天棚装饰的清单工程量。案例工程项目中,计算 A 区第二层 1/C 轴-D 轴间卫生间(含盥洗室)楼面、墙面、天棚的清单工程量。窗户居于墙中线,窗框宽度按 80mm 考虑;门及门洞边按做成品门套考虑。

　　1) 分析

　　(1) 由建施"二层平面图"可知,任务区域共有 3 个小房间组成,分别是盥洗室、男卫、女卫,如图 14.5 所示。

　　(2) 由建施"工程做法列表"可知,二楼卫生间楼面采用的做法名称为"楼面 2(L2)",采用 10mm 厚防滑地砖(地砖采用 600mm×600mm)干水泥擦缝铺贴;墙面采用的做法名称为"内墙 3(NQ3)",采用 5 厚釉面砖白水泥擦缝贴面,墙面装饰构造总厚度为 25mm;天棚采用的做法名称为"平顶 2(P2)",采用铝塑板面层(距离混凝土板底 800mm)。清单编制时对应做法名称中的构造层次准确描述各自的项目特征。

　　(3) 工程量计算规则如下。

　　① 块料楼地面:按设计图示尺寸以面积计算。门洞、空圈、暖气包槽、壁龛的开口部分并入相应的工程量内。

② 块料墙面:按镶贴表面积计算。

③ 吊顶天棚:按设计图示尺寸以水平投影面积计算。天棚面中的灯槽及跌级、锯齿形、吊挂式、藻井式天棚面积不展开计算。不扣除间壁墙、检查口、附墙烟囱、柱垛和管道所占面积,扣除单个>0.3m² 的孔洞、独立柱及与天棚相连的窗帘盒所占的面积。

2)解答

(1)块料楼面清单工程量。

块料楼面清单工程量计算依据图 14.5。

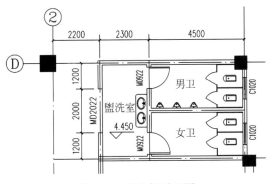

图 14.5　卫生间平面图

$$S_{块料楼面}=(4.4-0.24)\times(2.3-0.24)(计盥洗室)+(4.5-0.24)\times(2.2-0.24)\times2$$
$$(计男卫、女卫)-(0.25-0.12)\times(0.375-0.12)(扣柱凸出部分)+0.9$$
$$\times0.24\times2(计卫生间门洞开口部分)=25.68(m^2)$$

(2)块料墙面清单工程量。

$$S_{块料墙面}=(4.4-0.24-0.025\times2+2.3-0.24-0.025\times2)\times2\times(3.8-0.12-0.8)$$
$$(计盥洗室墙面)-2\times2.2-0.9\times2.2\times2(扣门洞面积)+(4.5-0.24$$
$$-0.025\times2+2.2-0.24-0.025\times2)\times2\times2\times(3.8-0.12-0.8)$$
$$(计男卫、女卫墙面)-0.9\times2.2\times2-1\times2\times2(扣门窗洞面积)+(1$$
$$-0.025\times2+2-0.025\times2)\times2\times0.08\times2(加窗洞侧壁)=90.36(m^2)$$

(3)吊顶天棚清单工程量。

与块料楼面相比,不存在门洞开口部分的增减,不扣柱垛所占部分。

$$S_{吊顶天棚}=(4.4-0.24)\times(2.3-0.24)(计盥洗室)+(4.5-0.24)\times(2.2-0.24)$$
$$\times2(计男卫、女卫)=25.27(m^2)$$

14.7　单价措施项目工程量计算

措施项目主要分为总价措施项目和单价措施项目。总价措施项目清单通常至少包括安全文明施工、临时设施两项,其他总价措施项目应根据项目的场地条件结合施工组织设计确定其项目名称。建筑工程中的单价措施项目通常包括脚手架工程、模板工程、垂直运输机械、大型机械设备进出场及安拆、超高施工增加等。

14.7.1 脚手架工程

脚手架分为综合脚手架和单项脚手架两大类。单项脚手架适用于单独地下室、装配式多(单)层工业厂房、仓库、独立的展览馆、体育馆、影剧院、礼堂、饭堂、锅炉房、檐高未超过 3.6m 的单层建筑、超过 3.6m 的屋顶构架、构筑物和单独装饰工程等。除此之外的单位工程均执行综合脚手架项目。使用综合脚手架时,不再使用外脚手架、里脚手架等单项脚手架项目。住宅、公寓、办公楼、写字楼、教学楼、现浇的多层厂房等都适用综合脚手架。

案例工程属现浇钢筋混凝土多层厂房,脚手架工程列项为综合脚手架。根据清单工程量计算规则,按建筑面积计算其工程量,详见 3.1 节。参照建筑施工图设计总说明,综合脚手架的清单工程量等于项目总的建筑面积,为 12 841m²。

14.7.2 模板工程

模板除了可以按混凝土构件模板含量表确定其工程量外,还可以按照混凝土构件与模板的接触面积确定其工程量。实践中,按设计图纸计算模板接触面积或使用混凝土含模量折算模板面积,两种方法只能使用其中一种,不得混用。使用含模量的方法时,竣工结算时模板面积不得调整。

用含模量计算模板工程量在示例 14.11 已经介绍。下面介绍按接触面积确定模板工程量。

【示例 14.14】 计算矩形柱、有梁板模板的清单工程量。案例工程项目中,计算首层 A 区 F 轴框架柱模板清单工程量以及 E～F 轴与①～③轴所围成的区格范围内有梁板模板的清单工程量。

1) 分析

(1) 图纸应用。主要需使用"框架柱平面布置图"和"二层梁平法施工图""二层结构平面图"等。

(2) 工程量计算规则。主要包括:按模板与现浇混凝土构件的接触面积计算。①现浇钢筋混凝土墙、板单孔面积≤0.3m² 的孔洞不予扣除,洞侧壁模板也不增加;单孔面积>0.3m² 时应予扣除,洞侧壁模板面积并入墙、板工程量内计算。②现浇框架分别按梁、板、柱有关规定计算;附墙柱、暗梁、暗柱并入墙内工程量内计算。③柱、梁、墙、板相互连接的重叠部分,均不计算模板面积。

(3) 有梁板项目特征描述中的支撑高度。对柱、梁、板:底层有地下室时,支模高度为楼板(室内地面)顶面至上层楼板底面;底层无地下室时,支模高度:底层为设计室外地面至上层楼板底面,楼层为楼层板顶面至上层楼板底面。任务指定楼层为底层,支模高度为室外地坪标高至上层楼板底面标高差值,即 4.5(层高)+0.3(室内外高差)-0.12(板厚)=4.68(m)。

2）解答

（1）矩形柱模板清单工程量。

首层层高 4.5m，由二层结构平面图可知，指定区格板厚均为 120mm。由框架柱平面定位图可得指定区格一层柱定位图如图 14.6 所示；由二层梁结构平法施工图可得图 14.7 梁截面平法示意图。由框架柱平面布置图可知，A 区 F 轴三根框架柱截面尺寸均为 600mm×600mm。柱模板总数量为 12 块，其中顶部无须开口的柱模板数量为 5 块，其余 7 块柱模板顶部因与梁模板相连均需开口，开口尺寸与相连梁的截面尺寸相同。

$$S_{模板}=0.6\times4.5\times12-0.25\times0.75\times6-0.3\times0.75-0.12\times(0.6-0.25)\times6$$
$$-0.12\times(0.6-0.3)=30.76(m^2)$$

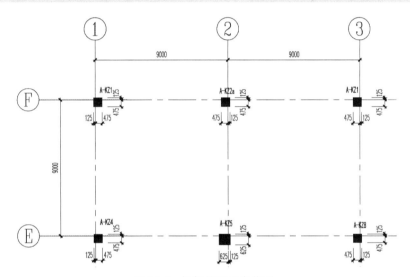

图 14.6　框架柱平面定位图

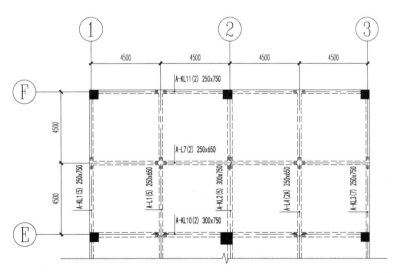

图 14.7　梁截面平法示意图

(2) 有梁板模板清单工程量。

有梁板模板工程量包括梁模板与板底模板工程量,计算过程如表 14.4 所示。

表 14.4　有梁板模板工程量计算

（项目编码）项目名称	计算部位	工程量计算表达式	单位	工程量
（011702014001）有梁板	E 轴 A-KL10	$(18-0.475\times2-0.75)\times[0.3+(0.75-0.12)\times2]-0.25\times0.53\times4$	m²	24.90
	F 轴 A-KL11	$(18-0.475\times2-0.6)\times[0.25+(0.75-0.12)\times2]-0.25\times0.53\times4$		24.31
	A-L7	$(18-0.125\times2-0.25\times2-0.3)\times[0.25+(0.65-0.12)\times2]-0.25\times0.53\times4-0.3\times0.63\times2$		21.30
	①轴 A-KL1	$(9-0.125-0.475)\times(0.25+0.75+0.63)-0.25\times0.53$		13.56
	②轴 A-KL2	$(9-0.125-0.475)\times(0.3+0.63\times2)-0.25\times0.53\times2$		12.84
	③轴 A-KL2	与①轴 A-KL1 相同		13.56
	A-L1	$(9-0.125\times2-0.25)\times(0.25+0.53\times2)-0.25\times0.53\times2$		10.48
	A-L4	与 A-L1 相同		10.48
	板底模板	$(18-0.25-0.25\times2-0.3)\times(9-0.125\times2-0.25)-0.35\times0.35-0.35\times0.3-0.35\times0.35$		143.73
	小计	$24.9+24.31+21.3+13.56\times2+12.84+10.48\times2+143.73$		275.2

14.7.3　垂直运输

垂直运输工程量的"施工工期日历天数"按定额工期,即根据工程的结构形式,按照《建筑安装工程工期定额》(TY 01-89—2016)(以下简称《工期定额》)并结合江苏省贯彻工期定额的通知(苏建价〔2016〕740 号)确定垂直运输清单工程量。

垂直运输指工程项目在合理工期内所需垂直运输机械。常见的垂直运输机械有卷扬机、塔式起重机、施工电梯等。

檐口高度在 3.6m 以内的建筑物,不计算垂直运输。

建筑物的檐口高度是指设计室外地坪至檐口滴水的高度(平屋顶系指屋面板底高度),突出主体建筑物屋顶的电梯机房、楼梯出口间、水箱间、瞭望塔、排烟机房等不计入檐口高度。

【示例 14.15】　计算垂直运输的清单工程量。该案例工程项目位于江苏省常州市,以"日历天"为单位,计算其清单工程量。

1) 分析

(1) 图纸应用。主要需使用建施的各层平面图和"1—1 剖面图""结构设计说明"等。房屋为多层框架结构,层高均在 4.5m 以内,功能用途为科研车

垂直运输清单量

间。由建筑设计总说明可知,建筑面积 $S=12\,841(\text{m}^2)$。

(2)工程量计算规则。清单工程量按建筑面积计算或按施工工期日历天数计算。任务要求按施工工期日历天计算。

清单说明规定,同一建筑物有不同檐高时,按建筑物的不同檐高做纵向分割,分别计算建筑面积,以不同檐高分别编码列项。操作任务的檐口高度均相同,为 $23.5+0.3=23.8(\text{m})$。

突出主建筑物屋顶的电梯机房、辅助用房不计入檐口高度。

(3)由《工期定额》的"总说明"可知案例项目所在地区江苏省为定额的Ⅰ类地区。项目类别为工期定额的"工业与其他建筑工程"。根据说明,出屋面的"电梯间、辅助用房"不计入层数,由1—1剖面图等图纸分析可知,房屋的总层数为6层。

(4)根据江苏省住房城乡建设厅关于贯彻执行《建筑安装工程工期定额》的通知(苏建价〔2016〕740号),桩基工程包含在单项工程定额工期中,不另增加工期。

2)解答

(1)工程所在地:江苏常州,属Ⅰ类地区。

(2)层高均在4.5m以内,不涉及多层工业厂房的层高工期增加或层高工期累加。

(3)现浇框架结构,6层工业厂房,总建筑面积 $S=12841\text{m}^2$,由工期定额2-40,Ⅰ类地区工期 $T=345$ 天。

(4)项目垂直运输的清单工程量以"日历天"计,$T=345$ 天。

14.7.4　超高施工增加

单层建筑物檐口高度超过20m,多层建筑物超过6层时,可按超高部分的建筑面积计算超高施工增加。清单工程量按超过20m部分与超过6层部分建筑面积中的较大值计算。计算层数时,地下室不计入层数。

案例工程项目中檐口高度为23.8m,因此需要计算超高施工增加。

【示例14.16】　计算超高施工增加的清单工程量。案例工程项目中,计算超高施工的清单工程量。

1)分析

(1)图纸应用。主要需使用建施的各层平面图和"1—1剖面图""结构设计说明"等。房屋为L形平面的6层框架结构,各层的建筑面积均在图名下方可以查阅。建筑檐口高度为23.8m>20m,因此需要计算超高施工增加费。

(2)工程量计算规则。按《建筑工程建筑面积计算规范》(GB/T 50353—2013)的规定计算建筑物超高部分的建筑面积。

2)解答

第六层超高与第七层超高分开列项。由超高部分的建筑面积计算其清单工程量。由建施"六层平面图"可知,第六层的建筑面积为2127m²,第六层的超高高度为 $23.8-20=3.8(\text{m})$;由建施"屋顶平面图"可知,局部七层的建筑面积为178m²。

【任务思考】

任务15 运用软件编制项目的招标工程量清单和招标控制价

BIM 建模软件只能给出分部分项工程等实体工程项目及部分单价措施项目的清单编制结果。对于脚手架、垂直运输机械等单价措施项目，总价措施项目，其他项目，规费和税金项目，需要在广联达等计价软件中导入 BIM 建模软件的清单编制结果，结合项目特点、常规施工方案等要求才能系统完成该项目的招标工程量清单编制。而项目的招标控制价则应根据毕业设计任务书的要求，根据项目的工程类别，结合招标工程量清单的项目特征，分析项目的工作内容，依据《江苏省建筑与装饰工程计价定额》的相关说明，进行分部分项工程和单价措施项目工程的清单组价，并最终完成相关造价文件的编制。

15.1 应用计价软件建立工程项目

应用广联达云计价平台进行操作。打开软件，新建招标项目，选择所在地区“江苏”→新建工程→选择计价方式“清单计价”→选择“新建招标项目”，进入图 15.1 所示对话框。

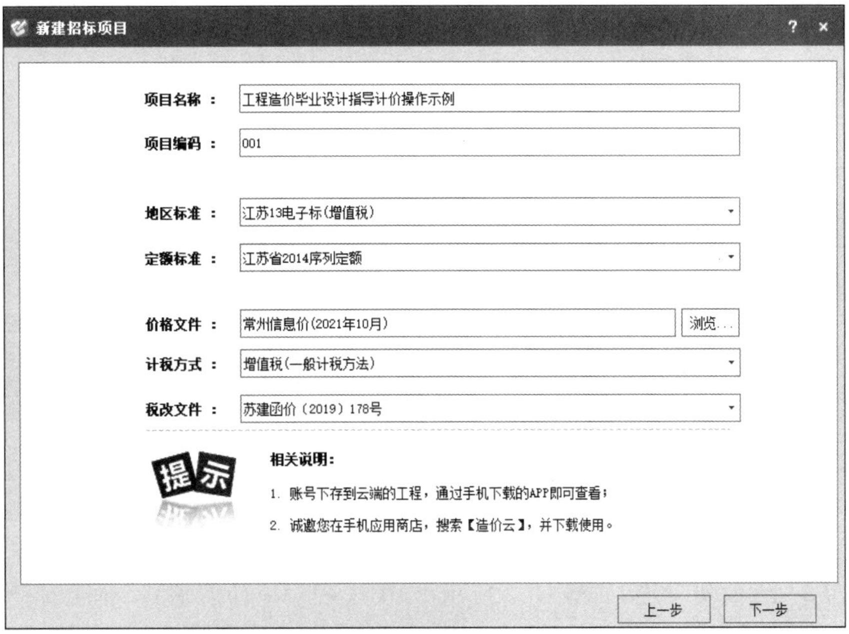

图 15.1 新建招标项目

依次命名项目名称、项目编码，选择地区标准及定额标准。选择招标文件编制所依据的价格文件,核对计税方式和税改文件。

完成图 15.1 所示对话框后进入新建单项工程对话框,如图 15.2 所示。依据《江苏省建设工程费用定额》的建筑工程类别划分表,虽然案例项目只是科研车间这一单项工程,但因工程类型的不同,招标控制价文件的编制实际包含 3 个单位工程,分别是土建工程计量与计价、桩基工程计量与计价以及大型土石方工程计量与计价(由附录 3 可知,挖一般土方工程量为 4 127.36m³,回填方工程量为 3 401.09m³,挖填方总量>5 000m³,项目土方工程属于"大型土石方")。

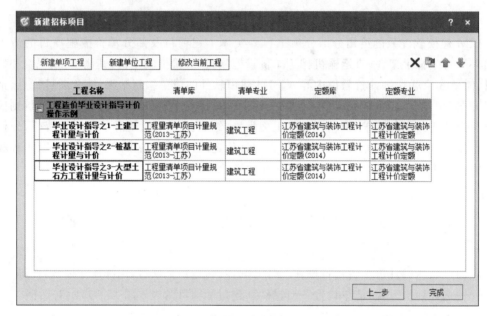

图 15.2　新建单项及单位工程

完成单位工程创建后单击图 15.2 所示的"完成"按钮,进入"项目信息"录入界面,单击"保存"按钮,将文档保存在指定文件夹中。

15.2　单位工程取费设置

依据第 3.2.2 小节的分析,案例的土建工程、桩基工程均为二类工程。依据工程类别,分别确定相应的取费标准。案例工程项目按"市级优质工程"创建;文明施工工地标准均按"市级一星级工地"考虑。

单位工程
取费设置

15.2.1　土建工程取费设置

土建工程的"取费设置"如图 15.3 所示,二类工程对应的管理费、利润的费率分别为29%、12%,市级一星级文明施工地对应"省级标化增加费"费率为 0.49%,"市优工程"对应的"按质论价"费率为 0.9%,夜间施工费、冬雨季施工费、已完工程及设备保护费的费率均按其中位区间取值,临时设施的费率取 2%。

图 15.3　土建工程取费设置

15.2.2　桩基工程取费设置

桩基工程的"取费设置"如图 15.4 所示。在"费用条件"模块设置工程类别为二类工程，文明施工工地标准仍按"市级一星级工地"考虑。

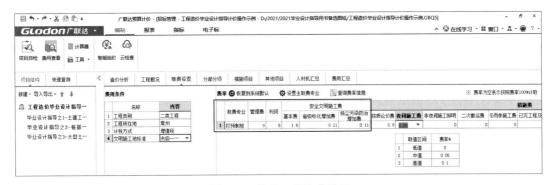

图 15.4　桩基工程取费设置

"费率"模块中单击"设置主取费专业"，弹出如图 15.5 所示的对话框，选择取费专业为"打预制桩"，图 15.4 费率模块中"打预制桩"的管理费、利润的费率则相应调整为 9%、5%，安全文明施工费中基本费、省级标化增加费、扬尘污染防治增加费相应调整为 1.5%、0.21%、0.11%。

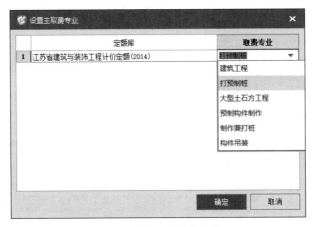

图 15.5　设置主取费专业

总价措施项目费的费率根据施工组织设计的实际情况,在对应单元格弹出的对话框中双击选取费率,如图 15.4"夜间施工费"一列所示。

桩基工程中的总价措施项目内容至少应包括安全文明施工费、临时设施费、建筑工人实名制等内容,如图 15.6 所示。

图 15.6　桩基工程总价措施项目费内容选择

规费、税金的费率软件自动生成,同时需要根据当地政策校核调整。按照《国家税务总局 江苏省税务局 江苏省生态环境厅关于部分行业环境保护税应纳税额计算方法的公告》〔2018〕21 号)要求,"环境保护税"由各类建设工程的建设方(含代建方)向税务机关缴纳。据此规定,建设工程招标文件(含招标工程量清单、招标控制价)、投标报价、工程结算等建设工程计价中不再计列"环境保护税"。图 15.6 中规费中的"环境保护税"调整为 0。

15.2.3　大型土石方工程取费设置

大型土石方工程的取费设置同上述土建工程与桩基工程,依次进行"费用条件"模块、"费率"模块的调整,其中"费率"模块的调整应重点关注"设置主取费专业"为"大型土石方工程"。

15.3　分部分项工程量清单导入

单位工程"取费设置"完成后,即可进入"分部分项"界面的操作。如图 15.7 所示,依次选择土

图 15.7　导入分部分项工程量清单

建单位工程→分部分项→"导入"菜单,导入 Excel 文件,在指定的文件夹中选取 BIM 建模软件导出的分部分项工程量清单 Excel 文件,即可完成分部分项及部分单价措施项目清单的导入。

桩基工程、大型土石方工程中的分部分项工程清单导入的操作方法与上述操作相同。

分析招标工程量清单的项目特征,完成每一个分部分项工程、单价措施项目工程的工程量清单定额组价。

15.4　常见项目的清单组价

平整场地
清单组价

15.4.1　平整场地清单组价

平整场地的清单工程量按建筑物首层建筑面积计算,但其定额工程量是从建筑物外墙外边各加 2m 范围内的面积计算。准确计算平整场地的定额工程量对其组价非常重要。

对于平面凹凸较多的建筑平面,可以依据建施"一层平面图"的 CAD 图纸,用 CAD 的多段线(pline)命令绘出建筑物首层的外墙外边线轮廓,再使用偏移(offset)命令向外偏移 2 000mm 即可完成平整场地定额工程量的图形绘制。使用 CAD 的"工具"菜单,查询偏移后的图形"面积",即可完成工程量查询。按上述操作可得,案例项目平整场地的定额工程量 $S = 2\ 667.21\text{m}^2$。

在清单项目行下方选择平整场地定额子目进行组价,根据项目特征和常规施工方案,选择功率为 75kW 的推土机,对应定额子目 1-273,操作时,软件会自动弹出相关的换算(工程量少于 4 000m² 时,机械×1.18),根据实际情况勾选。注意,一定要在定额行"工程量表达式"一列输入定额工程量 $S = 2\ 667.21\text{m}^2$,组价结果如图 15.8 所示。

	编码	类别	名称	单位	汇总类别	工程量表达式	工程量	综合单价	综合合价
			整个项目				1		12860.25
1	010101001001	项	平整场地 1.土壤类别:三类干土	m²		2111	2111.0000	1.18	2490.98
	1-273	换	推土机(75kW)平整场地厚<300mm　工程量少于4000m²时 机械*1.18	1000m²		2667.21	2.66721	930.05	2480.64

图 15.8　平整场地清单组价

15.4.2　挖一般土方、回填方清单组价

土方工程
清单组价

大型土石方单位工程中的分部分项工程项目通常包括挖一般土方和回填方 2 个清单项目。组价时,根据常规施工方案和项目特征进行定额子目选择与综合单价相关换算。

土方工程清单组价后的思路与结果如图 15.9 所示。

根据清单项目特征分析,挖一般土方清单项目对应 3 个定额子目,分别是反铲挖掘机挖土装车、人工挖一般土方(人工修边坡、整平)和自卸汽车运土。其中机械挖土时,人工修边坡整平的工程量按不超过清单工程量的 10% 考虑,因此,对应的机械挖土、人工修坡整平的定额工程量表达式为"QDL×0.9""QDL×0.1"。根据土石方工程定额"说明的"规定,人工修边坡、整平套用"人工挖一般土方"子目,需进行的换算是"人工×系数 2"。而对于自卸汽

	编码	类别	名称	项目特征	单位	汇总类别	工程量表达式	工程量	综合单价	综合合价
			整个项目				1			147319.72
1	010101002001	项	挖一般土方	1. 土壤类别:三类干土 2. 挖土深度:1.6m 3. 弃土运距:3km	m³		4127.361	4127.36	20.49	84569.61
	1-204	定	反铲挖掘机(1m³以内)挖土装车		1000m³		QDL*0.9	3.71462	3577.32	13288.38
	1-3	换	人工挖一般土方 三类土 用人工修边坡、整平的土方工程量 人工*2		m³		QDL*0.1	412.736	42.74	17640.34
	1-263	换	自卸汽车运土运距在<3km 反铲挖掘机装车 机械 [99071100] 含量*1.1		1000m³		QDL	4.12736	12993.6	53629.26
2	010103001001	项	回填方	1. 密实度要求:夯填,压实系数不小于0.94 2. 填方材料品种:素土 3. 填方来源、运距:外运3km	m³		3401.09	3401.09	18.45	62750.11
	1-204	换	反铲挖掘机(1m³以内)挖土装车 一、二类土 机械*0.84		1000m³		QDL	3.40109	3045.97	10359.62
	1-263	换	自卸汽车运土运距在<3km 反铲挖掘机装车 机械 [99071100] 含量*1.1		1000m³		QDL	3.40109	12993.6	44192.4
	1-288	定	内燃压路机 8t以内填土碾压		1000m³		QDL	3.40109	2421.04	8234.17

图 15.9　土方工程清单组价

车运土子目,因通常采用反铲挖掘机挖土装车,需进行的换算是"机械含量×系数 1.18"。相关换算在选择子目组价时,会自动弹出对话窗口,勾选对应换算提示即可。

回填方所需土方均考虑来自 3km 以外场地。组价时,需考虑挖掘机挖一、二类土(场地堆土)和自卸汽车运土。其中,挖一、二类土时,需进行的换算是"机械含量×系数 0.84"。另外,回填方还需选择机械压实。

15.4.3　桩基工程清单组价

预制桩工程相关清单通常包括预制桩打桩、截桩、桩顶混凝土灌芯 3 个工作内容。截桩和桩顶混凝土灌芯列入土建单位工程,预制桩打桩列入桩基单位工程。以案例工程 A 区桩基清单组价为例。

1. 预制钢筋混凝土管桩清单组价

预制钢筋混凝土管桩共 2 个清单项目,试验桩与其他预制钢筋混凝土管桩分开列项。清单组价时需考虑打桩、送桩、接桩等定额工作内容,还需要考虑成品桩的购置及运输工作。

根据项目特征描述,静力压桩,单根桩长(包括桩尖)为 21.45m,送桩长度=桩顶标高-室外地坪标高+0.5m=1.75-0.3+0.5=1.95(m)。试桩数量为 1 根,其他管桩数量为 100 根。对应清单项目 010301002001 的压桩数量为 100 根,桩的总长度(不含桩尖)为 2 100m,送桩工程量为 $V_{送桩}=\dfrac{\pi}{4}\times(0.5^2-0.28^2)\times1.95\times100=26.27(m^3)$,接头个数为 100 个;对应清单项目 010301002002(试验桩)的压数数量为 1 根,桩的总长度(不含桩尖)为 21m,送桩工程量为 0.263m³,接头个数为 1 个。

分析项目特征,清单项目 010301002001 预制钢筋混凝土管桩组价的定额子目为静力压桩 3-21,送桩 3-23,接桩 3-27,桩体本身补充"独立费"定额子目,如图 15.10 所示。清单项目 010301002002 预制钢筋混凝土管桩(试验桩)组价的定额子目与上述操作相同,但组价时需根据计价定额的说明进行试验桩的调价。计价定额的相应说明是,打试桩可按相应定额项目的人工、机械乘以系数 2。

根据《计价定额》桩基工程项目的定额说明,执行定额组价时,"打桩机的类别、规格执行中不换算。打桩机及为打桩机配套的施工机械的进(退)场费和组装、拆卸费用,另按实际进场机械的类别、规格计算"。案例工程项目图纸中要求采用 300t 以上的桩机进行施工,子目

	编码	类别	名称	单位	汇总类别	工程量表达式	工程量	综合单价	综合合价
			整个项目				1		866096.74
1	010301002001	项	预制钢筋混凝土管桩 1. 地层情况：场地原始标高及土质详见地质勘探报告 2. 送桩深度、桩长：送桩长度1.95m，单根桩长21.45m 3. 桩外径、壁厚：PHC500(110)-AB-11,10 4. 沉桩方法：静力压桩、送桩 5. 桩尖类型：尖底十字形 6. 混凝土强度等级：C80	m³		289.1	289.10	2963.11	856635.1
	3-21	定	静力压预制钢筋混凝土离心管桩桩长<24m	m³		QDL	289.1	266	76900.6
	3-23	换	静力压送预制钢筋混凝土离心管桩桩长<24m	m³		26.27	26.27	265.13	6964.97
	独立费	补	管桩PHC500(110)-AB-11,10	m		2100	2100	359	753900
	3-27	定	电焊接螺栓+电焊轨道式柴油打桩机3.5t	个		100	100	188.7	18870
2	010301002002	项	预制钢筋混凝土管桩(试验桩) 1. 地层情况：场地原始标高及土质详见地质勘探报告 2. 送桩深度、桩长：送桩长度1.95m，单根桩长21.45m 3. 桩外径、壁厚：PHC500(110)-AB-11,10 4. 沉桩方法：静力压桩、送桩 5. 桩尖类型：尖底十字形	m³		2.891	2.891	3272.79	9461.64
	3-21	换	静力压预制钢筋混凝土离心管桩桩长<24m　打试桩时　人工*2,机械*2	m³		QDL	2.891	505.45	1461.26
	3-23	换	静力压送预制钢筋混凝土离心管桩桩长<24m　打试桩时人工*2,机械*2	m³		0.263	0.263	513.46	135.04
	独立费	补	PHC500(110)-AB-11,10	m		21	21	359	7539
	3-27	换	电焊接螺栓+电焊轨道式柴油打桩机3.5t　打试桩时　人工*2,机械*2	个		1	1	326.32	326.32

图 15.10　A区桩基项目清单组价

3-21、3-23 涉及的定额子目的中机械为 160t，根据定额说明，子目组价时，打桩机不换算。

2. 桩顶填芯混凝土清单组价

根据《预应力混凝土管桩》(图集苏 G03—2012)中的承压桩顶与承台连接详图可知，桩顶与承台连接时桩顶灌芯混凝土强度等级宜与桩承台相同，且不应低于 C40 的微膨胀混凝土。按图集注释，对于承压桩，图 15.11 中的填芯长度 H 不得小于 5 倍管桩外径，且不得小于 2.0m。案例工程桩径为 500mm，因此灌桩长度至少取 2 500mm。填芯混凝土的总工程量 $V_填 = \dfrac{\pi}{4} \times 0.28^2 \times 2.5 \times 260 = 40(\text{m}^3)$。

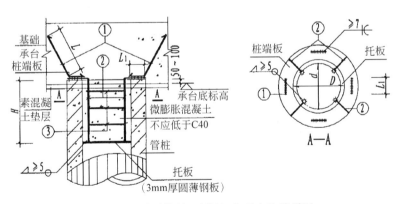

图 15.11　承压桩顶(不截桩)与承台连接详图

图 15.11 中钢筋的编号及长度信息详见《预应力混凝土管桩》(图集苏 G03—2012)。

桩顶灌芯混凝土工作通常由土建施工单位完成，因此其清单列入土建单位工程中。桩顶灌芯混凝土一般按"现浇混凝土其他构件"列项。组价时对应的定额子目包括 3-91 井壁内灌注混凝土和补充定额子目"独立费"微膨胀剂，组价结果如图 15.12 所示。

3. 截(凿)桩头清单组价

受场地土质影响，预制桩施打偶尔会遇到桩顶不能压到设计标高的情形，会出现截桩的

编码	类别	名称	单位	汇总类别	工程量表达式	工程量	综合单价	综合合价
⊟ 010507007001	项	其他构件 1. 混凝土种类：预拌非泵送混凝土； 2. 强度等级：C40内掺微膨胀剂	m³		40	40	634.8	25392.00
3-91	换	井壁内灌注(C30非泵送商砼) 换为【C40预拌混凝土(非泵送)】	m³		QDL	40	598.8	23952.00
独立费	补	微膨胀剂	m³		QDL	40	36	1440.00

图 15.12　桩顶灌芯混凝土清单组价

工作，此时产生的清单项目为"截（凿）桩头"，清单工程量可按总桩数的 5％ 左右考虑，后期按实结算。清单组价对应的定额子目为 3-94，项目名称为"人工截断预制桩"，组价结果如图 15.13 所示。

编码	类别	名称	单位	汇总类别	工程量表达式	工程量	综合单价	综合合价
⊟ 010301004001	项	截（凿）桩头 桩顶高出设计标高的桩截桩，工程量暂估	根		5	5	52.39	261.95
3-94	定	人工截断桩预制桩	10根		QDL	0.5	523.97	261.99

图 15.13　截（凿）桩头清单组价

15.4.4　有梁板清单组价

有梁板清单组价时，主要需要分析清单项目特征中混凝土种类及混凝土强度等级确定相应的定额子目，并根据板的坡度信息（坡屋顶等情形下的有梁板）确定是否需要进行子目换算。案例项目某部位有梁板清单项目组价如图 15.14 所示。同时，依据弹出的对话框提示，根据板厚信息将按照含模量确定的有梁板模板清单工程量置放在措施页面对应清单项下。

编码	类别	名称	单位	汇总类别	工程量表达式	工程量	综合单价	综合合价
⊟ 010505001001	项	有梁板 1. 混凝土种类：预拌非泵送； 2. 混凝土强度等级：C30	m³		416.363	416.3630	473.92	197322.75
6-331	定	(C30非泵送商品砼) 有梁板	m³		QDL	416.363	473.92	197322.75

图 15.14　有梁板清单组价

15.4.5　楼梯工程清单组价

楼梯工程量清单组价与雨篷、阳台等构件的清单组价相似，此处以示例 14.9 楼梯的工程量清单组价为例。

楼梯工程
清单组价

A 区 4 号楼梯在三楼清单工程量以 m² 计，为 16.15m²；以 m³ 计，为 3.69m³。

根据清单项目特征选择定额子目 6-337 和 6-342 进行综合组价，对应的子目均需进行混凝土强度等级的换算。定额子目 6-337 对应的定额工程量计量单位为 10m²，工程量为 1.615。而对应 6-342 子目，混凝土含量增减的工程量为 $QDL \times 1.015 - 2.07 \times 1.615 = 3.69 \times 1.015 - 2.07 \times 1.615 = 0.4023 (m^3)$。其中 2.07 为子目 6-337 中每 10m² 混凝土消耗量，1.015 为考虑混凝土实际消耗与设计用量之间的调整系数（参见定额子目下方注释）。楼梯清单组价如图 15.15 所示。

图 15.15　楼梯清单组价

15.4.6　钢筋工程的清单提取及组价

钢筋是土建单位工程的主材之一,其对工程造价的影响举足轻重。为了精准把握项目中钢筋的种类、规格、用量及费用,钢筋分项工程量清单编制一般委托给专业的钢筋翻样人员完成。毕业设计时,根据毕业设计任务书的深度要求选择钢筋工程量的计算方式。

以下内容中钢筋工程量应用混凝土构件钢筋含量表进行计算,任务目标是编制项目中钢筋工程清单并进行组价。

选择定额子目完成钢筋混凝土构件清单组价后,即可进行构件钢筋含量测定。如图 15.16 所示,案例项目 A 区首层中圈梁、有梁板两个清单项目已经完成了定额组价,此时,可以单击图中“钢”图标进行圈梁、有梁板用钢量的测定。

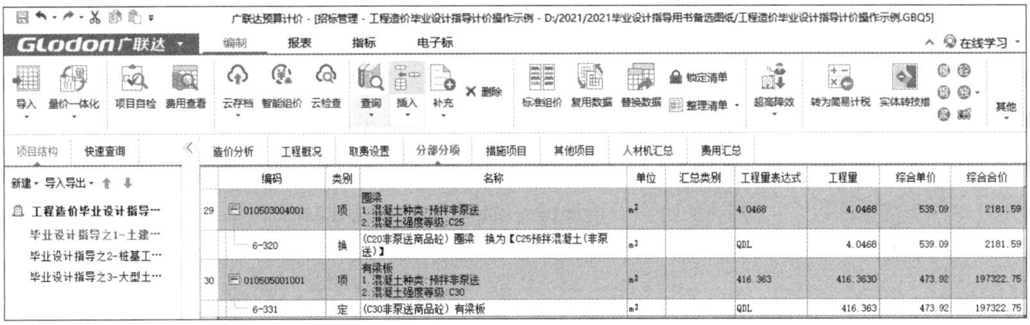

图 15.16　混凝土构件组价与构件用钢量起算

提取位置选择“钢筋子目分别放在分部分项页面对应清单项下”。依据构件的参数特征选择钢筋的对应定额子目。以有梁板为例,A 区有梁板的厚度为 120mm,因此勾选板厚在 200mm 以内的定额子目项,如图 15.17 所示,单击“确定”按钮后即可得到两个构件用钢量的初步提取结果,如图 15.18 所示。

广联达软件对钢筋按含量进行工程量测定在做法上还比较粗放,如图 15.18 所示,需要使用者将两种不同规格范围内的钢筋进行清单的重新优化,图中“综合单价”与“综合合价”一列均无参考价值。

图 15.18 中圈梁、有梁板两个清单项目,对应的直径在 12mm 以内的钢筋工程量为 $0.068\ 8+17.903\ 6=17.972(t)$;直径在 25mm 以内的钢筋工程量为 $0.161\ 9+41.636\ 3=41.798(t)$。

清单优化后的组价成果如图 15.19 所示。定额子目 5-1、5-2 产生的换算均为 A 区首层层高 3.6m 引起。由现浇构件钢筋的定额组价可见,清单列项时有必要将层高在 3.6m 以内、3.6~8m、8~12m 及 12m 以上等不同情况分开列项。

提取钢筋项目

提取位置：钢筋子目分别放在分部分项页面对应清单项下

	混凝土子目				钢筋子目						
	编码	名称	单位	工程量	选择	编码	钢筋类别	系数	单位	工程量	具体位置
1	010503004001	圈梁 1.混凝土种类:预拌非泵送 2.混凝土强度等级:C25	m³	4.0468							
2	6-320	(C20非泵送商品砼)圈梁 换为【C25预拌混凝土(非泵送)】	m³	4.0468	☑	5-1	现浇混凝土构件钢筋 直径 φ12mm以内	0.017	t	0.0688	010515001 …
3					☑	5-2	现浇混凝土构件钢筋 直径 φ25mm以内	0.04	t	0.1619	010515001 …
4					☐	5-3	现浇混凝土构件钢筋 直径 φ25mm以外	0.04	t	0.1619	010515001 …
5	010505001001	有梁板 1.混凝土种类:预拌非泵送 2.混凝土强度等级:C30	m³	416.363							
6	6-331	(C30非泵送商品砼)有梁板	m³	416.363	☐	5-1	现浇混凝土构件钢筋 直径 φ12mm以内(100mm内)	0.03	t	12.4909	0105150010…
7					☐	5-2	现浇混凝土构件钢筋 直径 φ25mm以内(100mm内)	0.07	t	29.1454	0105150010…
8					☐	5-3	现浇混凝土构件钢筋 直径 φ25mm以外(100mm内)	0.07	t	29.1454	010515001 …
9					☑	5-1	现浇混凝土构件钢筋 直径 φ12mm以内(200mm内/外)	0.043	t	17.9036	0105150010…
10					☑	5-2	现浇混凝土构件钢筋 直径 φ25mm以内(200mm内/外)	0.1	t	41.6363	0105150010…
11					☐	5-3	现浇混凝土构件钢筋 直径 φ25mm以外(200mm内/外)	0.1	t	41.6363	010515001 …
12					☐	5-1	现浇混凝土构件钢筋 直径 φ12mm以内 阶梯教室、体育看台	0.036	t	14.9891	0105150010…
13					☐	5-2	现浇混凝土构件钢筋 直径 φ25mm以内 阶梯教室、体育看台	0.084	t	34.9745	0105150010…
14					☐	5-3	现浇混凝土构件钢筋 直径 φ25mm以外 阶梯教室、体育看台	0.084	t	34.9745	010515001 …

确定　取消

图 15.17　提取钢筋项目

编码	类别	名称	单位	汇总类别	工程量表达式	工程量	综合单价	综合合价
010515001001	项	现浇构件钢筋	t		1	1	295605.67	295605.67
5-1	定	现浇砼构件钢筋 直径 φ12mm以内	t		GJGCL	0.0688	5420.55	372.93
5-2	定	现浇砼构件钢筋 直径 φ25mm以内	t		GJGCL	0.1619	4741.48	767.65
5-1	定	现浇砼构件钢筋 直径 φ12mm以内	t		GJGCL	17.9036	5420.55	97047.36
5-2	定	现浇砼构件钢筋 直径 φ25mm以内	t		GJGCL	41.6363	4741.48	197417.68

图 15.18　构件钢筋用量提取初步结果

编码	类别	名称	单位	汇总类别	工程量表达式	工程量	综合单价	综合合价
010515001001	项	现浇构件钢筋	t		17.972	17.972	5472.63	98354.11
5-1	换	现浇砼构件钢筋 直径 φ12mm以内 在8m以内 人工*1.03	t		QDL	17.972	5472.63	98354.11
010515001002	项	现浇构件钢筋 直径25mm以内	t		41.798	41.798	4772.29	199472.18
5-2	换	现浇砼构件钢筋 直径 φ25mm以内 在8m以内 人工*1.03	t		QDL	41.798	4772.29	199472.18

图 15.19　钢筋清单及组价

15.4.7　门窗工程清单组价

门窗工程清单通常依据各地造价管理部门颁布的信息价采用补充定额子目“独立费”的形式进行清单组价。案例工程中某房间的门窗清单组价如图 15.20 所示。

定额子目“独立费”的操作为：单击清单行下方“插入”菜单，插入“子目”，单击“补充”菜单，插入“子目”，弹出图 15.21 所示对话框。依次完善“编码”行、“名称”行、“单价”行，单击“确定”按钮即可完成“独立费”设置。

编码	类别	名称	单位	汇总类别	工程量表达式	工程量	综合单价	综合合价
⊟ 010802001001	项	金属(塑钢)门 1.门代号及洞口尺寸:M0922,洞口尺寸：900*2200 2.门框、扇材质:铝合金平开门,详见图纸	m²		3.96	3.96	900	3564
独立费	补	铝合金门	m²		QDL	3.96	900	3564
⊟ 010807001001	项	金属(塑钢、断桥)窗 1.窗代号及洞口尺寸:C1020,洞口尺寸1200*2000 2.框、扇材质:断热铝合金中空玻璃推拉窗 3.玻璃品种、厚度:节能玻璃,详见图纸	m²		4	4	800	3200
独立费	补	断热铝合金中空玻璃推拉窗	m²		QDL	4	800	3200

图 15.20　门窗清单组价

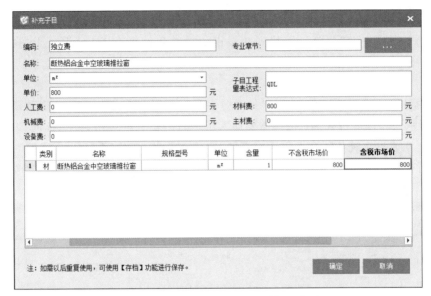

图 15.21　补充子目"独立费"对话框内容设置

15.4.8　屋面工程清单组价

案例项目的屋面工程构造包括屋面卷材防水、屋面刚性层、保温隔热屋面 3 个清单项目,其组价如图 15.22 所示。

	编码	类别	名称	单位	汇总类别	工程量表达式	工程量	综合单价	综合合价	备注
37	⊟ 010902001001	项	屋面卷材防水 1.卷材品种、规格、厚度:4mm厚APP防水卷材 2.防水层数:单层 3.防水层做法:热熔满铺	m²		788.533	788.533	46.13	36375.03	
	⌐10-40 ···	定	单层APP改性沥青防水卷材(热熔满铺法)	10m²		QDL	78.8533	461.3	36375.03	
38	⊟ 010902003001	项	屋面刚性层 1.刚性层厚度:40mm厚 2.混凝土种类:细石混凝土(钢筋另计) 3.混凝土强度等级:C30 4.隔离层:10mm厚1:3石灰砂浆隔离层 5.找平层:20mm厚1:3水泥砂浆	m²		752.4219	752.4219	102.42	77063.05	
	⌐10-77	定	细石砼 刚性防水屋面有分格缝 40mm厚	10m²		QDL	75.24219	692.48	52103.71	
	⌐13-15	定	找平层 水泥砂浆(厚20mm)混凝土或硬基层上	10m²		QDL	75.24219	258.75	19468.92	
	⌐10-90	换	石灰砂浆隔离层 10mm	10m²		QDL	75.24219	72.91	5485.91	
39	⊟ 011001001001	项	保温隔热屋面 1.保温隔热材料品种、规格、厚度:MLC轻质混凝土2%找坡,最薄处100mm厚	m²		752.4219	752.4219	7.93	5966.71	
	⌐盐补10-1	定	屋面泡沫混凝土找坡	10m³		142.96	14.296	417.87	5973.87	

工料机显示	单价构成	标准换算	换算信息	特征及内容	工程量明细	反查图形工程量	说明信息	组价方案

	编码	类别	名称	规格及型号	单位	损耗率	含量	数量	不含税预算价	不含税市场价	含税市场价	税率(%)	采保费率(%)	合价	是否暂估	锁定数
1	00010301	人	二类工		工日		0.6	47.31198	82	114	114	0	0	5393.57	☐	☐
2	1157035101	材	APP聚酯胎乙烯膜卷材	δ4mm	m²	12.5	985.66605	22.3		26.5	29.8662	13	2	26120.16	☐	☐

图 15.22　屋面工程的清单组价

屋面卷材防水应用定额子目 10-40 进行组价,同时需要根据当地的信息价在"工料机"中对定额中 3mm 厚的 APP 卷材进行价格调整。屋面刚性层组价时,根据项目特征主要有 10-77、13-15、10-90 三条子目与之响应,定额 10-90 需要根据隔离层的厚度对其进行换算。

屋面保温层采用 MLC 轻质混凝土(泡沫混凝土)2% 找坡,最薄处 100mm 厚。组价时需要依据建施"屋顶平面图"根据 A 区坡度方向及屋面宽度(18m),确定出屋面中间分水线(②轴)处轻质混凝土的厚度,即为 $100 + \dfrac{18\,000}{2} \times 2\% = 280(\mathrm{mm})$。屋面 MLC 轻质混凝土的平均厚度 $= (100 + 280)/2 = 190(\mathrm{mm})$,以 m^3 为计量单位,其工程量 $V = 752.42 \times 0.19 = 142.96(\mathrm{m}^3)$,通过"查询"菜单可以找到盐城市的补充定额中有 MLC 混凝土的补充定额。因定额"盐补 10-1"的计量单位与清单不一致,故需要将 MLC 混凝土的定额工程量在"工程量表达式"一列对应的单元格中输入。

对应项目特征描述,屋面刚性层组价需要多条定额子目与之相适应。定额子目可采用图 15.23 所示的路径进行查询:选择需要插入子目行的位置→单击菜单"查询",在"查询定额"中选择《江苏省建筑与装饰工程计价定额》的相关章节,选中定额子目,必要时按弹出的对话框进行换算,完成对应定额子目组价。

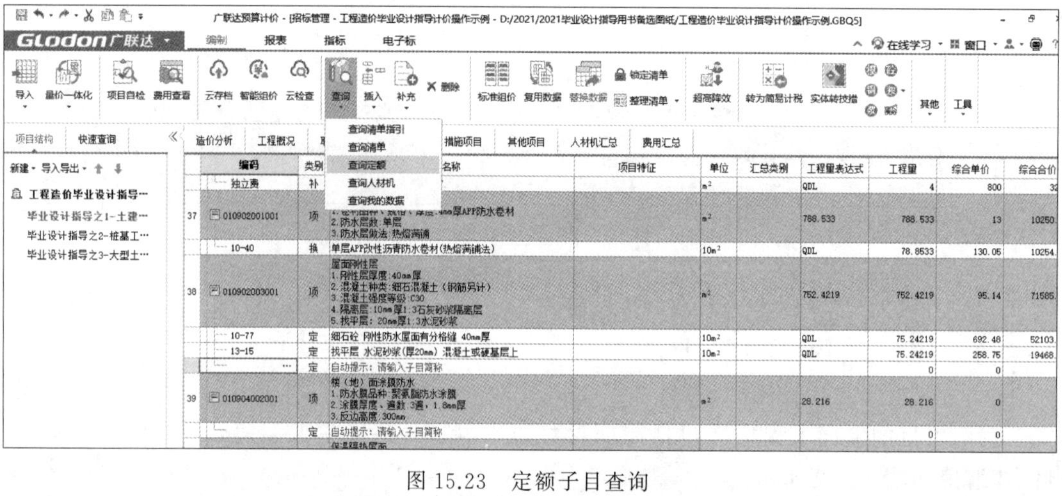

图 15.23　定额子目查询

15.4.9　地砖地面清单组价

地砖地面构造层次多,清单组价时,需根据项目特征,选择相应的定额子目进行组价,并对弹出的对话框认真分析,对子目的相关内容进行换算。同时需要比对定额子目的计量单位与"块料楼地面"清单项目计量单位之间的逻辑关系,确定各定额子目的工程量,如垫层厚度为 150mm,因此定额工程量为"QDL×0.15"(QDL 为清单工程量,余同)。

由于一个清单项目对应多个定额子目,可以通过"查询"菜单→查询定额→查询相关章节的定额子目进行子目插入。块料楼地面清单组价的定额子目选择及子目 13-81 的材料含量调整如图 15.24 所示。

块料的规格为 600mm×600mm,采用 20mm 厚 1:2 干硬性水泥砂浆铺贴,因此选择

编码	类别	名称	单位	汇总类别	工程量表达式	工程量	综合单价	综合合价	备注
41 011102003001	项	块料楼地面 1.基层种类:素土夯实 2.垫层材料种类、厚度:150mm厚碎石垫层 3.找平层厚度、砂浆配合比:100mm厚C25混凝土随捣随抹平 4.结合层厚度、砂浆配合比:20mm厚1:2干硬性水泥砂浆 5.面层材料品种、规格、颜色:10mm厚防滑地砖,600mm×600mm 6.嵌缝材料种类:干水泥擦缝	m²		26.9245	26.9245	240.95	6487.46	
1-99	定	原土打底夯 地面	10m²	QDL		2.69245	12.21	32.87	
13-9	定	垫层 碎石 干铺	m³	QDL*0.15		4.03868	193.82	782.78	
13-12-2	换	垫层 (C20混凝土)分格 换为【C25混凝土20mm32.5坍落度35-50mm】	m³	QDL*0.1		2.69245	1028.65	2769.59	
13-81	换	楼地面单块0.4m²以内地砖 干硬性水泥砂浆粘贴	10m²	QDL		2.69245	1078	2902.46	

工料机显示 | 单价构成 | 标准换算 | 换算信息 | 特征及内容 | 工程量明细 | 反查图形工程量 | 说明信息 | 组价方案

	编码	类别	名称	规格及型号	单位	损耗率	含量	数量	不含税预算价	不含税市场价	含税市场价	税率(%)	采保费率(%)	合价	是...
1	00010201	人	一类工		工日		3.31	8.91201	85	85	85	13	0	757.52	
2	06650101	材	同质地砖		m²		10.2	27.46299	42.88	42.88	48.3269	13	2	1177.61	
3	04010611	材	水泥	32.5级	kg		45.97	123.77193	0.27	1.45	1.63	13	2	179.47	
4	80010161	浆	干硬性水泥砂浆		m³		0.202	0.54387	206.19	629.81	697.64			342.53	

图 15.24　块料地面清单组价及 13-81 的部分工料机分析

单块 0.4m² 以内的定额子目 13-81。定额中干硬性砂浆按 30mm 考虑,而案例工程中为 20mm,因此需要对材料消耗量进行调整。根据计价定额附录 1-8"主要材料、半成品损耗率取定表",地面水泥砂浆损耗率按 1% 计量。13-81 的计量单位为 10m²,因此 20mm 厚干硬性砂浆的消耗量为 $10×0.02×(1+1\%)=0.202(\text{m}^3)$。

15.4.10　吊顶工程清单组价

以 A 区首层卫生间吊顶天棚为例,铝塑板规格按 500mm×500mm 考虑。根据清单项目特征描述和《计价定额》天棚工程的说明分析可知,天棚为 T 形铝合金龙骨不上人型(构造对应轻钢大龙骨、铝合金 T 形主副龙骨)。从天棚的骨架基层来看,天棚的面层位于同一标高,属简单型天棚。组价时,吊筋按实际品种规格选择子目 15-34,并按实际长度进行综合单价换算;龙骨根据构造类型选择子目 15-17,卫生间为单层龙骨,根据定额选用时弹出的对话框进行人工调整。铝塑板根据材料类别及规格选择子目 15-55 组价。吊顶天棚清单组价如图 15.25 所示。

编码	类别	名称	单位	汇总类别	工程量表达式	工程量	综合单价	综合合价
011302001001	项	吊顶天棚 1.吊顶形式、吊杆规格、高度:直径φ8的钢筋吊杆件,双向中距900~1200;高度800mm 2.龙骨材料种类、中距:轻钢大龙骨60*30*1.5(中距<1200,吊点附吊挂);铝合金中龙骨中距等于板宽;铝合金横撑龙骨等于板长 3.基层材料种类、规格:钢筋混凝土板内预留直径6mm铁环,双向中距900~1200 4.面层材料品种、规格:铝塑板面层	m²		26.312	26.312	149.27	3927.59
15-34	换	吊筋规格 H=750mm φ8 实际高度(mm):800	10m²	QDL		2.6312	57.27	150.69
15-17	换	装配式T型(不上人型)铝合金龙骨 面层规格500mm×500mm 简单 设计为单层龙骨 人工*0.87	10m²	QDL		2.6312	558.57	1469.71
15-55	定	铝塑板天棚面层 搁在龙骨上	10m²	QDL		2.6312	876.81	2307.06

图 15.25　吊顶工程清单组价

15.5　措施项目清单组价

措施项目工程量清单包括总价措施项目清单和单价措施项目清单。在"取费设置"界面已经明确相关总价措施项目及其费率的情况下,在"措施项目"界面只需检查一下前述设置的响应情况,查找有无总价措施项目的缺漏现象,如有需要则回到"取费设置"界面进行修改调整。

土建工程中的单价措施项目包括脚手架、模板、垂直运输机械、超高施工增加、大型机械进出场等内容。由任务 14 可知,综合脚手架的清单工程量为 12 841m²,垂直运输机械的清单工程量为 345 日历天,超高施工增加的清单工程量在第六层为其建筑面积 2 127m²、超高高度为 $23.8-20=3.8$(m),在局部七层的清单工程量为其建筑面积 178m²,将相关清单工程量及其项目特征输入。大型机械进出场按"项"计,清单工程量为 1。

15.5.1　综合脚手架清单组价

脚手架
清单组价

房屋的檐口高度为 23.8m,层数为六层(局部为七层),层高分别为 4.5m、3.8m 和 4.2m。因此选择檐高在 12m 以上、层高在 5m 以内的综合脚手架的定额子目 20-6 进行综合脚手架的清单组价。

檐高超过 20m 综合脚手架材料增加费:第六层超过檐高 20m 以上部分的高度为第六层层高 3.8m,对应的工程量为第六层的建筑面积 2127m²;第七层层高为 4.2m,对应的工程量为第七层的建筑面积 178m²。选择的定额子目均为 20-49。其中"20-49 换"是考虑层高超高套用的定额,根据定额的注解,层高超过 3.6m 时,每增高 1m(不足 0.1m 按 0.1m 计算)按定额的 20% 计算,高度不同时按比例调整,第六层层高超高值为 $3.8-3.6=0.2$(m),因此有子目"20-49 换"对应的定额综合单价×0.2×0.2。同样,第七层层高超高 $=4.2-3.6=0.6$(m),"20-49 换"对应的定额综合单价×0.2×0.6=定额综合单价×0.12。

全楼综合脚手架及其超高材料增加费组价如图 15.26 所示。

	序号	类别	名称	基数说明	费率(%)	汇总类别	工程量表达式	工程量	综合单价	综合合价	备注
17	☐ 011701001001		综合脚手架				12811	12811.00	76.12	975173.32	
		20-6	定	综合脚手架檐高在12m以上层高在5m内			QDL	12811	76.12	975173.32	
18	☐ 011701001002		综合脚手架(第6层脚手架材料增加费)				2127	2127	8.09	17207.43	
		20-49	定	建筑物檐高 20-30m			QDL	2127	7.78	16548.06	
		20-49	换	建筑物檐高 20-30m 单价*0.2 单价*0.2			QDL	2127	0.31	659.37	
19	☐ 011701001003		综合脚手架(第7层脚手架材料增加费)				178	178	8.71	1550.38	
		20-49	定	建筑物檐高 20-30m			QDL	178	7.78	1384.84	
		20-49	换	建筑物檐高 20-30m 单价*0.12			QDL	178	0.93	165.54	

图 15.26　综合脚手架的列项及清单组价

15.5.2　模板工程量清单编制及计价

设计任务指定模板清单工程量按照构件混凝土含量表确定。

以图 15.27 桩承台基础(CTJ03)的模板反套为例,选择清单行下的定额行,单击 ⬚⬚⬚⬚ 单元格右侧的"…",软件会弹出对话框,根据"预拌非泵送混凝土 C30"的项目特征选择 6-308 子目,软件接着会弹出混凝土换算的对话框,选中对应的混凝土种类完成换算。单击"确定"按钮,弹出"提取模板项目"对话框,如图 15.28 所示。模板的提取位置选择为"模板子目分别放在措施页面对应清单下",模板类别选择"复合木模板",勾选"不用砂浆垫块而改用塑料卡"一行,至此,完成桩承台基础(CTJ03)项目模板的清单。切换到"措施项目清单"界面,即可在单价措施项目清单中找到生成的桩承台基础(CTJ03)的模板清单。

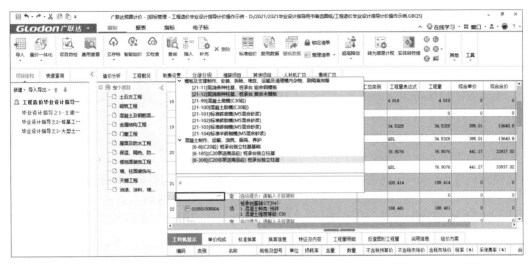

图 15.27　桩承台基础(CTJ03)定额子目套用

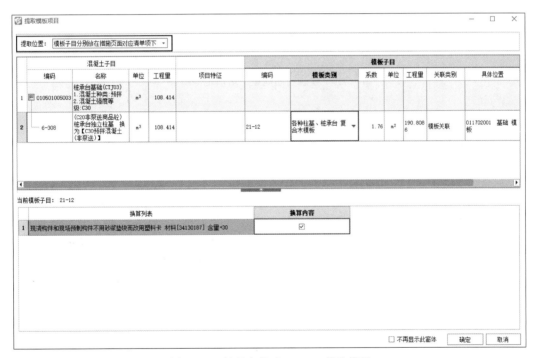

图 15.28　桩承台基础(CTJ03)提取模板

15.5.3　垂直运输机械清单组价

常规垂直运输机械的施工方案中,考虑一台塔式起重机与一台卷扬机配合施工。结构形式为现浇钢筋混凝土框架结构,檐口高度为 23.8m,层数为六层(局部七层),因此选择定额子目 23-9 进行清单组价。

15.5.4　超高施工增加清单组价

工程实践中,建筑物檐口高度超过 20m 非常普遍。

超高施工增加清单项目主要考虑:①建筑物超高(檐高>20m)引起的人工工效降低以及由于人工工效降低引起的机械降效;②高层施工用水加压水泵的安装、拆卸及工作台班;③通信联络设备的使用及摊销。

案例项目中第六层超过檐高 20m 的高度正好为其层高 3.8m,第七层的层高为 4.2m,建筑物檐口高度 23.8m,因此选择定额子目 19-1 进行清单组价。选择定额子目组价时,软件会弹出输入层高的对话框,输入对应的层高即可完成其层高超高的联动换算。超高施工增加的组价如图 15.29 所示。

由上述分析可见,不同层高时定额组价的结果不同,因此,在层高不同时"超高施工增加"清单应分开列项。

71	⊟ 011704001001		超高施工增加(第六层) 超过檐高20m以上高度为3.8m			2127	2127.00	41.85	89014.95
	19-1	换	建筑物檐口高度 20m(7层)~30m实际层高: 3.8m			QDL	2127	41.85	89014.95
72	⊟ 011704001002		超高施工增加(局部七层) 层高4.2m			178	178.00	45.08	8024.24
	19-1	换	建筑物檐口高度 20m(7层)~30m实际层高: 4.2m			QDL	178	45.08	8024.24

图 15.29　建筑物超高施工增加定额组价

15.5.5　大型机械进出场清单计价

1. 土建单位工程大型机械进出场清单计价

案例项目土建单位工程中,大型机械进出场及安拆的组价操作流程如下。

在措施项目清单界面,双击"大型机械设备进出场及安拆"清单子目下方的定额行与清单项目编码对应的单元格,弹出如图 15.30 所示的对话框。根据清单项目特征描述和常规施工方案,依次选择土建工程中所使用的施工机械类型与规格,单击"插入"按钮即可完成相应定额子目选取。

案例工程施工时选择了自升式塔式起重机,输入定额工程量 1,组价后的结果如图 15.31 所示。

2. 桩基工程及大型土石方工程机械进出场清单组价

根据结施"桩平面布置图"中的"桩基设计说明",管桩施工采用静压桩机,压桩荷载 300t 以上。因此,桩基单位工程中的大型机械进出场对应的定额子目包括"静力压桩机 3 000kN 场外运输费(子目 25-34)"和"静力压桩机 3 000kN 组装拆卸费(子目 25-35)"两个定额子目。

大型土石方工程中涉及的进出场机械主要为挖掘机,根据常规的施工方案可选择"履带式推土机 90kW 以外场外运输费(子目 25-4)"进行组价。

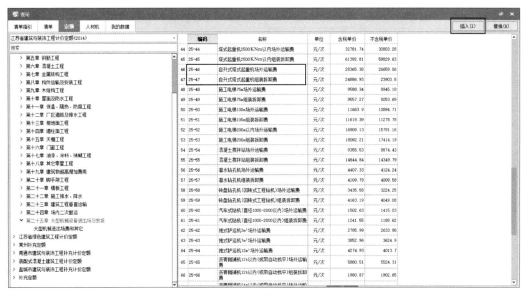

图 15.30　大型机械进出场的定额子目选取

图 15.31　大型机械进出场的定额组价结果

15.6　其他项目清单输入

其他项目清单包括暂列金额、暂估价、计日工和总承包服务费等，如图 15.32 所示。若案例工程的暂列金额为 800 000 元，可单击图中框选的"暂列金额"图标，弹出如图 15.33 所示对话框，在"名称"列输入"暂列金额"，在"暂定金额"列输入 800 000 元即可，其他项目清单内容的输入与此类似。

图 15.32　其他项目清单组成

图 15.33　其他项目内容的设置

15.7　人材机汇总设置

"人材机汇总"是招标控制价确定的必备环节,主要目标是按照招标确定的基准期调整项目中人工、主要材料、主要机械台班的单价,将造价文件编制与市场价格进行有效对接。

毕业设计任务书一般会明确招标控制价的基准期。案例项目招标控制价的基准期为 2021 年 10 月。人工工资标准执行《省住房城乡建设厅关于发布建设工程人工工资指导价的通知》(苏建函价〔2021〕379 号)。工程所在地为江苏省常州市,对于包工包料的建筑工程,一类工、二类工、三类工的工资标准分别为 118 元/工日、114 元/工日、105 元/工日。

主要材料及机械执行工程所在地常州使用的《常州工程造价信息》(2021 年第 10 期)中的信息价。

广联达造价系列软件中提供了建材信息服务软件"广材助手"。可供用户查询工程所在地不同时间节点上的信息价与市场价。

图 15.34 提供了查询地区江苏常州 2021 年 10 月的材料信息价,包括常州市建筑工程材料指导价格、安装工程材料指导价格和园林绿化工程指导价格。依据"广材助手"查询的"混凝土、钢材、砌块"等主要材料的信息指导价在"不含税市场价"一列对相关材料单价进行调整(见图 15.35),图 15.35 中的钢筋已经按照图 15.34 的钢筋"不含税市场价"进行了刷新。

图 15.34　广材助手材料信息价查询

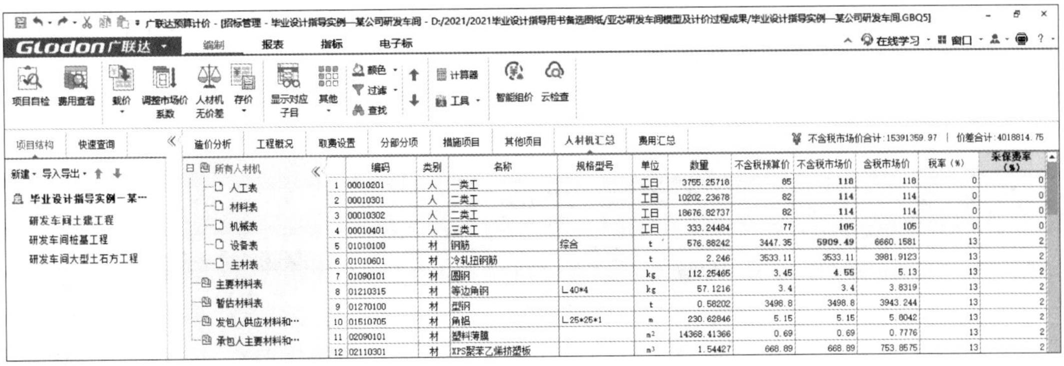

图 15.35　人材机汇总

作为项目建设的常见主材，混凝土区分为"预拌泵送"与"预拌非泵送"两类。一般"泵送"混凝土对应的坍落度区间为 130～150mm；"非泵送"混凝土对应的坍落度区间为 75～90mm。根据清单项目特征描述，在图 15.36 中"材料名称"一列找到对应的混凝土种类，从而查得需要的"不含税市场价"，并将其替换"人材机汇总"中相应混凝土的价格。

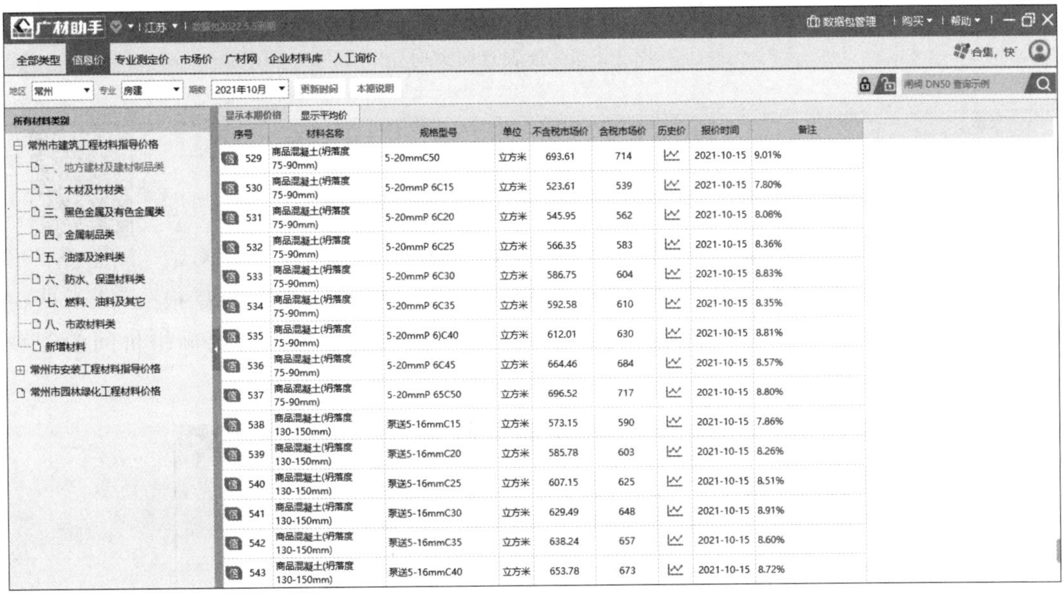

图 15.36　不同种类混凝土"不含税市场价"查询

"人材机汇总"界面中，可参照上述操作调整对工程造价产生较大影响的其他材料价格。

15.8　导出招标工程量清单及招标控制价

15.8.1　报表查询及"总说明"编制

切换到"报表"界面即可查阅各单位工程的招标工程量清单明细表和招标控制价明细表

（见图 15.37）。同时根据招标工程量清单编制和招标控制价编制的具体情况，完成各单位工程的"总说明"编制，详见附录 3 和附录 4。

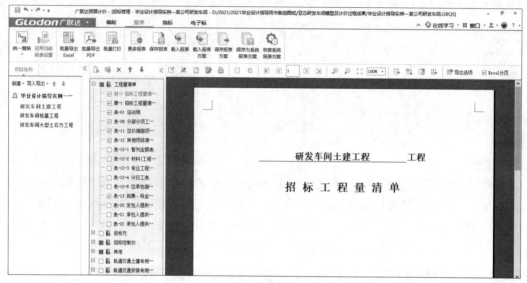

图 15.37 报表查询页面

15.8.2 导出招标工程量清单及招标控制价

导出清单
及控制价

单击"报表"→工程量清单 →"批量导出 Excel"，即弹出图 15.38 所示对话框，报表类型可以选择"工程量清单""招标控制价"及"其他"。其中"其他"报表类型中可以导出"清单综合单价分析表"，从中可以查阅清单项目与定额组价间的逻辑关联。

图 15.38 批量导出 Excel 对话框

根据毕业设计任务书所要提交的招标工程量清单及招标控制价的表单类型、勾选相应的表单，如图 15.39，单击"导出选择表"，设定文件存储位置，即可完成报表导出。招标工程量清单导出结果由土建工程（不含土方工程）、桩基工程、大型土石方工程 3 个单位工程的招标工程量清单共同组成，见附录 3。招标控制价文件编制结果由土建工程（不含土方工程）、桩基工程、大型土石方工程 3 个单位工程的招标控制价文件共同组成，见附录 4。

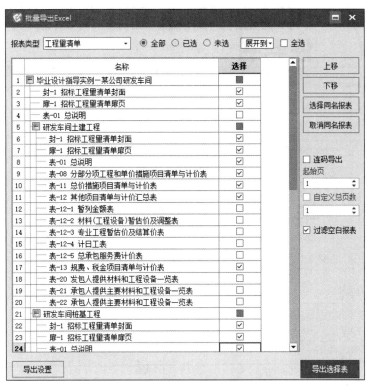

图 15.39　招标工程量清单导出设置

【任务思考】

××职业学院
毕业设计(论文)任务书

二级学院 _____ 管理工程学院 _____

专　　业 _____ 工程造价 _____

班　　级 _____ 造价××班 _____

姓　　名 _____

选题名称 _____ ××工程土建招标工程量清单及招标控制价 _____

指导教师 _____　　　　职称 _____

企业导师 _____　　　　职称 _____

毕业设计(论文)起止时间:＿＿年＿＿月＿＿日至＿＿年＿＿月＿＿日 (共 8 周)

任务下达时间:＿＿年＿＿月＿＿日

1. 课题内容

1.1 应用 BIM 软件编制招标工程量清单

应用 BIM 软件编制项目的招标工程量清单,包括:分部分项工程和单价措施项目工程量清单、总价措施项目清单、其他项目清单、规费和税金项目清单。钢筋工程及模板工程可以按照《计价定额》附录中混凝土含量表进行清单编制。

1.2 应用计价软件编制招标控制价

应用计价软件编制项目的招标控制价,包括:分部分项工程和单价措施项目工程量清单计价、总价措施项目清单计价、其他项目清单计价汇总、规费和税金项目清单计价、单位工程费汇总等。

1.3 工程量手工作业计算书

完成指定分部分项工程及单价措施项目的清单工程量与定额工程量计算书,分部分项工程及单价措施项目的清单项目数量不少于 20 项(创优设计的同学不少于 30 项),覆盖土方工程、砌体工程、钢筋混凝土工程、屋面及防水工程、装饰装修工程及单价措施项目工程。聚焦局部区域、常见构件清单,手工编制清单项目的分析区域及计算内容尽可能与 BIM 清单编制的清单列项范围一致。手工计算清单工程量和定额工程量主要用于培养学生空间形体建构能力,检核学生依据规范、标准、定额等进行清单及定额工程量的分析与计算能力。

1.4 BIM 土建建模及清单编制

根据任务图纸及《房屋建筑与装饰工程量计算规范》(GB 50854—2013)完成项目的土建 BIM 模型,导出主要分部分项工程量清单。毕业设计成果中要求打印出代表楼层、主要分部分项工程、房屋整体 BIM 模型不少于 3 张彩色图片。

2. 课题任务的具体要求

2.1 毕业设计工程图纸选择

选择近 3 年出图的实际工业与民用建筑项目,针对一栋楼编制土建招标工程量清单及招标控制价。工程结构类型为框架结构、框架剪力墙结构或剪力墙结构,建筑面积 3 000m² 以上。要求地面以上不少于 5 层(造型特别复杂的不少于 3 层),有无地下室不限。

工程项目资料要求施工图纸齐全,土建专业含建筑施工图和结构施工图。

工程项目图纸来源由各位同学自行搜集或由指导老师提供。

2.2 编制要求

运用 BIM 建模软件、计价软件及手工传统计算方法,应用文字、图表、图片等方式完成招标工程量清单、招标控制价、手算工程量计算书及 BIM 建模三维模型图片四个方面的内容。

2.2.1 招标工程量清单

根据《建设工程工程量清单计价规范》《房屋建筑与装饰工程工程量计算规范》,按照"工程量清单"五统一的原则,编制项目的工程量清单,列项不少于 70 项。工程量清单表格采用计价软件生成,导出招标工程量清单,至少导出:

（1）招标工程量清单封面、扉页、总说明；

（2）分部分项工程和单价措施项目清单与计价表（包括：现浇构件钢筋、脚手架工程、模板工程、垂直运输机械等）；

（3）总价措施项目清单与计价表（包括：安全文明施工、临时设施、建筑工人实名制等工程实际必须发生的总价措施项目）；

（4）其他项目清单与计价汇总表；

（5）规费和税金项目计价表。

2.2.2 招标控制价

选择计价软件（广联达、新点、新一代、品茗等）进行组价。

应用计价软件，分析工程量清单项目特征描述，应用《江苏省建筑工程费用定额》（2014版）（含营改增后调整内容）、《江苏省建筑与装饰工程计价定额》（2014版）及工程所在城市的"工程造价信息"及人工工资指导价信息，完成分部分项工程量清单组价、措施项目清单组价、其他项目清单组价、规费和税金项目计价，汇总形成招标控制价及其有关附件。同时完成钢筋工程、模板工程等按含量计取的分部分项工程及措施项目工程的清单。招标控制价文件中需要导出"分部分项工程清单综合单价分析表（清单＋定额）"及"单价措施项目清单综合单价分析表（清单＋定额）"。招标工程量清单及招标控制价文件均采用计价软件生成导出。招标控制价文件，至少导出：

（1）招标控制价封面、扉页及总说明；

（2）单位工程招标控制价汇总表；

（3）分部分项工程和单价措施项目清单与计价表；

（4）总价措施项目清单与计价表；

（5）其他项目清单与计价汇总表；

（6）总承包服务费计价表；

（7）规费、税金项目计价表；

（8）"分部分项工程清单综合单价分析表（清单＋定额）"及"单价措施项目清单综合单价分析表（清单＋定额）"。

2.2.3 工程量手工作业计算书

选择有代表性楼层进行手工作业，计算分部分项工程清单工程量及定额工程量，清单工程量需与 BIM 软件清单编制结果进行比对，计算范围至少包括：平整场地、土方开挖（至少一个与 BIM 软件清单编制相同的清单项目，下同）、砌体工程（±0.000 上下各取一项）、钢筋混凝土基础、矩形柱或直形墙、有梁板、雨篷、台阶、散水、钢筋、屋面保温或墙面保温、屋面防水、楼地面装饰、墙柱面装饰、天棚装饰、脚手架、模板、垂直运输机械等。

要求：对应 BIM 软件清单列项，明确清单项目和计量单位、明确计算部位，计算清单工程量和定额工程量，详细写出计算表达式。表达式中的每一个数据需要有明确的图纸依据和工程量计算规则依据。

2.2.4 绘制 BIM 土建模型并编制分部分项工程量清单

根据图纸及规范，利用建模软件（广联达、鲁班、新点、品茗等）绘制工程模型（土建全部、钢筋可以采用量筋合一软件，也可以按含量），添加清单，导出清单工程量报表并用于计价软件中完善招标工程量清单。打印至少三张 BIM 三维模型彩色图片（分层、整体）。

参考文献

[1]中华人民共和国住房和城乡建设部.建设工程工程量清单计价规范(GB 50500—2013)[S].北京：中国计划出版社.

[2]中华人民共和国住房和城乡建设部.房屋建筑与装饰工程工程量计算规范(GB 50584—2013)[S].北京：中国计划出版社.

[3]杨建林.房屋建筑与装饰工程量清单编制[M].北京：机械工业出版社,2015.

[4]杨建林,王慧萍.建筑工程量清单计价[M].北京：北京大学出版社,2021.

……

(至少10本(篇)代表性参考文献)

任务下达人(签字)	
___年_月_日	
任务接受人(签字) ___年_月_日	教研室主任(签字)：

附录 2　案例项目的建筑施工图与结构施工图

扫描下列二维码可获取全部施工图纸。

建筑施工图　　　　　　结构施工图

附录 3 案例项目的招标工程量清单

扫描下列二维码可获取案例项目的招标工程量清单。

招标工程量清单

毕业设计指导实例——某公司研发车间工程

招 标 控 制 价

招　标　人：　　　　　××有限公司　　　　

（单位盖章）

造价咨询人：　　　　××咨询有限公司　　　

（单位盖章）

2021-11-10

毕业设计指导实例——某公司研发车间工程

招 标 控 制 价

招标控制价(小写): _____23 233 028.63_____

(大写): ____贰仟叁佰贰拾叁万叁仟零贰拾捌元陆角叁分____

招 标 人: ___×××有限公司___ 造价咨询人: ___×××咨询有限公司___
(单位盖章)　　　　　　　　　　　(单位资质专用章)

法定代理人　　　　　　　　　　　法定代理人
或其授权人: _____×××_____ 或其授权人: _____×××_____
(签字或盖章)　　　　　　　　　　　(签字或盖章)

编 制 人: _____×××_____ 复 核 人: _____×××_____
(造价人员签字盖专用章)　　　　　　　(造价工程师签字盖专用章)

编制时间: __××××-××-××__ 复核时间: __××××-××-××__

工程项目招标控制总价汇总表见附表 4-1。

附表 4-1　工程项目招标控制价汇总表

工程名称：毕业设计指导实例——某公司研发车间

序号	单项工程名称	金额/元	其　　中		
			暂估价/元	安全文明施工费/元	规费/元
1	研发车间土建工程	20 309 734.66		624 720.35	670 011.43
2	研发车间桩基工程	2 714 482.28		42 965.61	37 769.74
3	研发车间大型土石方工程	208 811.69		3 483.38	2 905.44
	合计	23 233 028.63		671 169.34	710 686.61

毕业设计指导实例——某公司研发车间工程

招 标 控 制 价

招　标　人：＿＿＿＿＿＿＿××有限公司＿＿＿＿＿＿

（单位盖章）

造价咨询人：＿＿＿＿＿××咨询有限公司＿＿＿＿＿

（单位盖章）

年　月　日

研发车间土建工程招标控制价

招　标　人：　　　　××有限公司　　　　

（单位盖章）

造价咨询人：　　　　××咨询有限公司　　　

（单位盖章）

年　月　日

研发车间土建工程招标控制价

招标控制价(小写)：　　　　　　　　20 309 734.66
　　　　(大写)：　贰仟零叁拾万玖仟柒佰叁拾肆元陆角陆分

招　标　人：　×××有限公司　　　造价咨询人：　×××咨询有限公司
　　　　　　　　（单位盖章）　　　　　　　　　　　（单位资质专用章）

法定代理人　　　　　　　　　　　法定代理人
或其授权人：　　×××　　　　　或其授权人：　　×××
　　　　　　　（签字或盖章）　　　　　　　　　　（签字或盖章）

编　制　人：　　×××　　　　　复　核　人：　　×××
　　　　　（造价人员签字盖专用章）　　　　　　（造价工程师签字盖专用章）

编制时间：××××-××-××　　　复核时间：　××××-××-××

总　说　明

工程名称：研发车间土建工程

1. 工程概况：本工程名称为研发车间土建工程，项目建设单位为××有限公司。

2. 招标范围：工程量清单及施工图范围内的全部工程。

3. 编制依据如下。

（1）委托方提供的施工图纸、招标文件、标底答疑等。

（2）《建设工程工程量清单计价规范》（GB 50500—2013）、《建筑与装饰工程工程量计算规范》（GB 50854—2013）、《江苏省建筑与装饰工程计价定额》（2014 版）、《江苏省 2014 机械台班定额》、《江苏省建设工程费用定额》（2014 版）、常建〔2014〕279 号文、苏建价〔2014〕448 号文、苏建价〔2016〕154 号文、苏建价函〔2018〕298 号文、苏建价函〔2019〕178 号文、江苏省住房和城乡建设厅〔2018〕24 号文、常建（2019）1 号文等规范、文件。

（3）人工工资单价按苏建函价〔2021〕379 号文《省住房和城乡建设厅关于发布建设工程人工工资指导价的通知》执行。

（4）材料价格：执行 2021 年 10 月《常州工程造价信息》中的建筑（或安装）材料除税价，本月未提供的逐月前推，信息价无提供价格的按市场价询价计入。

4. 凡本清单内容中明确的，按清单的要求编制投标报价；本清单未做说明的，按上述规范、文件和要求编制投标报价。见附表 4-2～附表 4-7。

5. 金额（价格）均应以人民币表示。

6. 工程量清单及其计价格式中的任何内容不得随意删除或涂改。

7. 工程量清单计价格式中列明的所有需要填报的单价和合价，投标人均应填报，未填报的单价和合价，视为此项费用已包含在工程量清单的其他单价和合价中。

8. 本清单所列工程数量是根据图纸或现行情况估算和暂定的，仅作为投标的共同基础，不能作为最终结算与支付的依据。

9. 措施项目清单中的现场安全文明施工费为不可竞争费，含基本费和扬尘污染防治增加费，投标报价时按清单表中的费率计取不得调整。

10. 扬尘污染防治增加费用于采取密目网覆盖、冲洗池安拆、移动式降尘喷头、喷淋降尘系统、雾炮机、围墙绿植、环境监测智能化系统等环境保护措施所发生的费用，其他扬尘污染防治措施所需费用包含在安全文明施工费的环境保护费中。

11. 根据项目特点，本工程在部分单位工程的其他项目清单中设置了暂列金额项目，为不可竞争费，投标报价时不得调整。

12. 规费、税金项目清单中所列费用的费率均为不可竞争费率，投标报价时不得调整。

13. 本工程施工所需水、接电等由承包人负责，相关费用在投标报价中考虑。

14. 土建工程其他说明如下。

（1）按《建设工程费用定额》规定，该土建工程按建筑二类工程取费。

（2）混凝土为商品混凝土泵送与否由投标单位报价时自行考虑。

（3）土方开挖：场外堆土，运距按 3km 考虑。

（4）钢筋量按含量计入控制价，单价按相应规格区间平均价计入，模板按含量计入控制价，结算时按合同约定。

附表 4-2　单位工程招标控制价汇总表

工程名称：研发车间土建工程　　　　　　　标段：毕业设计指导实例——某公司研发车间

序号	汇总内容	金额/元	其中：暂估价/元
1	分部分项工程	12 259 179.12	
1.1	人工费	1 999 894.89	
1.2	材料费	9 287 781.24	
1.3	施工机具使用费	107 603.31	
1.4	企业管理费	611 095.36	
1.5	利润	252 865.29	
2	措施项目	4 888 593.54	
2.1	单价措施项目费	3 759 291.36	
2.2	总价措施项目费	1 129 302.18	
2.2.1	其中：安全文明施工措施费	624 720.35	
3	其他项目	815 000	—
3.1	其中：暂列金额	800 000	—
3.2	其中：专业工程暂估价		—
3.3	其中：计日工	15 000	
3.4	其中：总承包服务费		—
4	规费	670 011.43	—
5	税金	1 676 950.57	—
	招标控制价合计＝1＋2＋3＋4＋5－甲供材料费_含设备/1.01	20 309 734.66	0

附表 4-3　分部分项工程和单价措施项目清单与计价表（续）

工程名称：研发车间土建工程　　　　　　　　标段：毕业设计指导实例——某公司研发车间

序号	项目编码	项目名称及项目特征描述	计量单位	工程量	金额/元		
					综合单价	综合合价	其中：暂估价
	A.3	桩基工程				85 666.26	
1	010301004001	截(凿)桩头(桩顶灌注混凝土) 1. 预拌非泵送混凝土； 2. C40 内掺微膨胀剂	m³	87.56	909.84	79 665.59	
2	010301004002	截(凿)桩头 人工截断桩预制桩	根	13	61.59	800.67	
3	010301004003	截(凿)桩头 桩孔人工土方清除及管壁清理	根	260	20	5200	
	A.4	砌筑工程				417 863.17	
4	010401001001	砖基础 1. 砖品种、规格、强度等级：MU20 混凝土实心砖； 2. 基础类型：条形； 3. 砂浆强度等级：水泥砂浆 M10	m³	73.099 1	496.61	36 301.74	
5	010401003001	实心砖墙(女儿墙) 1. 砖品种、规格、强度等级：240mm 厚 MU15 混凝土标准砖； 2. 墙体类型：女儿墙； 3. 砂浆强度等级、配合比：水泥石灰砂浆 M7.5	m³	45.937 8	509.96	23 426.44	
6	010401004001	多孔砖墙(一层外墙) 1. 砖品种、规格、强度等级：240mm 厚 MU20 煤矸石烧结多孔砖； 2. 墙体类型：外墙； 3. 砂浆强度等级、配合比：Mb5 混合砂浆	m³	86.206	405.27	34 936.71	
7	010401004002	多孔砖墙(一层内墙) 1. 砖品种、规格、强度等级：240mm 厚 MU20 煤矸石烧结多孔砖； 2. 墙体类型：内墙； 3. 砂浆强度等级、配合比：水泥石灰砂浆 M5.0	m³	98.432 4	405.27	39 891.7	
8	010401004003	多孔砖墙(二层外墙) 1. 砖品种、规格、强度等级：240mm 厚 MU20 煤矸石烧结多孔砖； 2. 墙体类型：外墙； 3. 砂浆强度等级、配合比：水泥石灰砂浆 M5.0	m³	64.431 4	405.27	26 112.11	

续表

序号	项目编码	项目名称及项目特征描述	计量单位	工程量	金额/元		
					综合单价	综合合价	其中：暂估价
9	010401004004	多孔砖墙(二层内墙) 1. 砖品种、规格、强度等级：240mm 厚 MU20 煤矸石烧结多孔砖； 2. 墙体类型：内墙； 3. 砂浆强度等级、配合比：水泥石灰砂浆 M5.0	m³	69.546 6	405.27	28 185.15	
10	010401004005	多孔砖墙(三层外墙) 1. 砖品种、规格、强度等级：240mm 厚 MU20 煤矸石烧结多孔砖； 2. 墙体类型：外墙； 3. 砂浆强度等级、配合比：水泥石灰砂浆 M5.0	m³	61.557 1	405.27	24 947.25	
11	010401004006	多孔砖墙(三层内墙) 1. 砖品种、规格、强度等级：240mm 厚 MU20 煤矸石烧结多孔砖； 2. 墙体类型：内墙； 3. 砂浆强度等级、配合比：水泥石灰砂浆 M5.0	m³	69.849	405.27	28 307.7	
12	010401004007	多孔砖墙(四层外墙) 1. 砖品种、规格、强度等级：240mm 厚 MU20 煤矸石烧结多孔砖； 2. 墙体类型：外墙； 3. 砂浆强度等级、配合比：水泥石灰砂浆 M5.0	m³	61.642 9	405.27	24 982.02	
13	010401004008	多孔砖墙(四层内墙) 1. 砖品种、规格、强度等级：240mm 厚 MU20 煤矸石烧结多孔砖； 2. 墙体类型：内墙； 3. 砂浆强度等级、配合比：水泥石灰砂浆 M5.0	m³	69.849	405.27	28 307.7	
14	010401004009	多孔砖墙(五层外墙) 1. 砖品种、规格、强度等级：240mm 厚 MU20 煤矸石烧结多孔砖； 2. 墙体类型：外墙； 3. 砂浆强度等级、配合比：水泥石灰砂浆 M5.0	m³	67.485 5	405.27	27 349.85	

续表

序号	项目编码	项目名称及项目特征描述	计量单位	工程量	金额/元		
					综合单价	综合合价	其中：暂估价
15	010401004010	多孔砖墙（五层内墙） 1. 砖品种、规格、强度等级：240mm 厚 MU20 煤矸石烧结多孔砖； 2. 墙体类型：内墙； 3. 砂浆强度等级、配合比：水泥石灰砂浆 M5.0	m³	69.849	405.27	28 307.7	
16	010401004011	多孔砖墙（六层外墙） 1. 砖品种、规格、强度等级：240mm 厚 MU20 煤矸石烧结多孔砖； 2. 墙体类型：外墙； 3. 砂浆强度等级、配合比：水泥石灰砂浆 M5.0	m³	60.547 2	405.27	24 537.96	
17	010401004012	多孔砖墙（六层内墙） 1. 砖品种、规格、强度等级：240mm 厚 MU20 煤矸石烧结多孔砖； 2. 墙体类型：内墙； 3. 砂浆强度等级、配合比：水泥石灰砂浆 M5.0	m³	72.466 3	405.27	29 368.42	
18	010401004013	多孔砖墙（七层外墙） 1. 砖品种、规格、强度等级：240mm 厚 MU20 煤矸石烧结多孔砖； 2. 墙体类型：外墙； 3. 砂浆强度等级、配合比：水泥石灰砂浆 M5.0	m³	19.826 6	405.27	8 035.13	
19	010401004014	多孔砖墙（七层内墙） 1. 砖品种、规格、强度等级：240mm 厚 MU20 煤矸石烧结多孔砖； 2. 墙体类型：内墙； 3. 砂浆强度等级、配合比：水泥石灰砂浆 M5.0	m³	12.005 8	405.27	4 865.59	
	A.5	混凝土及钢筋混凝土工程				7 317 308.34	
20	010501001001	垫层 1. 混凝土种类：预拌非泵送； 2. 混凝土强度等级：C15； 3. 原土夯实	m³	60.1728	668.98	40 254.4	
21	010501004001	满堂基础 1. 混凝土种类：预拌非泵送； 2. 混凝土强度等级：C30,P6 级抗渗混凝土	m³	4.818	707.39	3 408.21	

续表

序号	项目编码	项目名称及项目特征描述	计量单位	工程量	金额/元		
					综合单价	综合合价	其中：暂估价
22	010501005001	桩承台基础(CTJ01) 1. 混凝土种类：预拌非泵送； 2. 混凝土强度等级：C30	m³	34.532 8	714.75	24 682.32	
23	010501005002	桩承台基础(CTJ02) 1. 混凝土种类：预拌非泵送； 2. 混凝土强度等级：C30	m³	76.907 6	714.75	54 969.71	
24	010501005003	桩承台基础(CTJ03) 1. 混凝土种类：预拌非泵送； 2. 混凝土强度等级：C30	m³	108.414	714.75	77 488.91	
25	010501005004	桩承台基础(CTJ04) 1. 混凝土种类：预拌非泵送； 2. 混凝土强度等级：C30	m³	188.461	714.75	134 702.5	
26	010501005005	桩承台基础(CTJ05) 1. 混凝土种类：预拌非泵送； 2. 混凝土强度等级：C30	m³	48.478 8	714.75	34 650.22	
27	010501005006	桩承台基础(CTJ06) 1. 混凝土种类：预拌非泵送； 2. 混凝土强度等级：C30	m³	11.097 1	714.75	7 931.65	
28	010501005007	桩承台基础(CTJ07) 1. 混凝土种类：预拌非泵送； 2. 混凝土强度等级：C30	m³	11.966 3	714.75	8 552.91	
29	010501005008	桩承台基础(CTJ08) 1. 混凝土种类：预拌非泵送； 2. 混凝土强度等级：C30	m³	30.509 1	714.75	21 806.38	
30	010501005009	桩承台基础(CTJ09) 1. 混凝土种类：预拌非泵送； 2. 混凝土强度等级：C30	m³	5.866 5	714.75	4 193.08	
31	010502001001	矩形柱(基础层) 1. 混凝土种类：预拌非泵送； 2. 混凝土强度等级：C35； 3. 柱周长：2.5m 以内	m³	13.943 3	810.44	11 300.21	
32	010502001002	矩形柱(基础层) 1. 混凝土种类：预拌非泵送； 2. 混凝土强度等级：C35； 3. 柱周长：3.6m 以内	m³	5.175	810.44	4 194.03	
33	010502001003	矩形柱(一层) 1. 混凝土种类：预拌非泵送； 2. 混凝土强度等级：C35； 3. 柱周长：2.5m 以内	m³	68.749 1	810.44	55 717.02	

序号	项目编码	项目名称及项目特征描述	计量单位	工程量	金额/元 综合单价	综合合价	其中：暂估价
34	010502001004	矩形柱（一层） 1. 混凝土种类：预拌非泵送； 2. 混凝土强度等级：C35； 3. 柱周长：3.6m 以内	m³	30.374 4	810.44	24 616.63	
35	010502001005	矩形柱（一层） 1. 混凝土种类：预拌非泵送； 2. 混凝土强度等级：C35； 3. 柱周长：1.6m 以内	m³	1.728	810.44	1 400.44	
36	010502001006	矩形柱（二层） 1. 混凝土种类：预拌非泵送； 2. 混凝土强度等级：C30； 3. 柱周长：2.5m 以内	m³	54.187	800.83	43 394.58	
37	010502001007	矩形柱（二层） 1. 混凝土种类：预拌非泵送； 2. 混凝土强度等级：C30； 3. 柱周长：3.6m 以内	m³	21.375	800.83	17 117.74	
38	010502001008	矩形柱（二层） 1. 混凝土种类：预拌非泵送； 2. 混凝土强度等级：C30； 3. 柱周长：1.6m 以内	m³	1.453 6	800.83	1 164.09	
39	010502001009	矩形柱（三层） 1. 混凝土种类：预拌非泵送； 2. 混凝土强度等级：C30； 3. 柱周长：2.5m 以内	m³	53.422 7	800.83	42 782.5	
40	010502001010	矩形柱（三层） 1. 混凝土种类：预拌非泵送； 2. 混凝土强度等级：C30； 3. 柱周长：3.6m 以内	m³	25.65	800.83	20 541.29	
41	010502001011	矩形柱（三层） 1. 混凝土种类：预拌非泵送； 2. 混凝土强度等级：C30； 3. 柱周长：1.6m 以内	m³	1.453 6	800.83	1 164.09	
42	010502001012	矩形柱（四层） 1. 混凝土种类：预拌非泵送； 2. 混凝土强度等级：C30； 3. 柱周长：2.5m 以内	m³	69.843	800.83	55 932.37	
43	010502001013	矩形柱（四层） 1. 混凝土种类：预拌非泵送； 2. 混凝土强度等级：C30； 3. 柱周长：1.6m 以内	m³	1.453 6	800.83	1 164.09	

续表

序号	项目编码	项目名称及项目特征描述	计量单位	工程量	金额/元		其中：暂估价
					综合单价	综合合价	
44	010502001014	矩形柱（五层） 1. 混凝土种类：预拌非泵送； 2. 混凝土强度等级：C30； 3. 柱周长：2.5m 以内	m³	64.827	800.83	51 915.41	
45	010502001015	矩形柱（五层） 1. 混凝土种类：预拌非泵送； 2. 混凝土强度等级：C30； 3. 柱周长：1.6m 以内	m³	1.453 6	800.83	1 164.09	
46	010502001016	矩形柱（六层） 1. 混凝土种类：预拌非泵送； 2. 混凝土强度等级：C30； 3. 柱周长：2.5m 以内	m³	64.595 7	800.83	51 730.17	
47	010502001017	矩形柱（六层） 1. 混凝土种类：预拌非泵送； 2. 混凝土强度等级：C30； 3. 柱周长：1.6m 以内	m³	0.364 8	800.85	292.15	
48	010502001018	矩形柱（七层） 1. 混凝土种类：预拌非泵送； 2. 混凝土强度等级：C30； 3. 柱周长：2.5m 以内	m³	13.436 6	800.83	10 760.43	
49	010502002001	构造柱（一层） 1. 混凝土种类：预拌非泵送； 2. 混凝土强度等级：C25	m³	28.125 2	911.36	25 632.18	
50	010502002002	构造柱（二层） 1. 混凝土种类：预拌非泵送； 2. 混凝土强度等级：C25	m³	21.705 4	911.36	19 781.43	
51	010502002003	构造柱（三层） 1. 混凝土种类：预拌非泵送； 2. 混凝土强度等级：C25	m³	20.883 3	911.36	19 032.2	
52	010502002004	构造柱（四层） 1. 混凝土种类：预拌非泵送； 2. 混凝土强度等级：C25	m³	20.985 6	911.36	19 125.44	
53	010502002005	构造柱（五层） 1. 混凝土种类：预拌非泵送； 2. 混凝土强度等级：C25	m³	20.358 3	911.36	18 553.74	
54	010502002006	构造柱（六层） 1. 混凝土种类：预拌非泵送； 2. 混凝土强度等级：C25	m³	19.744 1	911.36	17 993.98	
55	010502002007	构造柱（局部七层及女儿墙） 1. 混凝土种类：预拌非泵送； 2. 混凝土强度等级：C25	m³	10.431 4	911.36	9 506.76	

序号	项目编码	项目名称及项目特征描述	计量单位	工程量	金额/元		其中:暂估价
					综合单价	综合合价	
56	010503001001	基础梁 1. 混凝土种类:预拌非泵送; 2. 混凝土强度等级:C30	m³	65.430 4	718.05	46 982.3	
57	010503002001	矩形梁(雨篷梁 YPL) 1. 混凝土种类:预拌非泵送; 2. 混凝土强度等级:C30	m³	1.852 6	744.29	1 378.87	
58	010503004001	圈梁(砖基础顶地圈梁) 1. 混凝土种类:预拌非泵送; 2. 混凝土强度等级:C25	m³	11.564 7	773.93	8 950.27	
59	010503004002	圈梁(卫生间混凝土翻边) 1. 混凝土种类:预拌非泵送; 2. 混凝土强度等级:C20	m³	2.258 9	752.12	1 698.96	
60	010503005001	过梁 1. 混凝土种类:预拌非泵送; 2. 混凝土强度等级:C25	m³	14.378 2	836.06	12 021.04	
61	010504001001	直形墙(基础层电梯井壁) 1. 混凝土种类:预拌非泵送; 2. 混凝土强度等级:C30,P6 级抗渗混凝土; 3. 壁厚 250mm	m³	7.281 8	903.23	6 577.14	
62	010504001002	直形墙(局部七层上女儿墙) 1. 混凝土种类:预拌非泵送; 2. 混凝土强度等级:C30; 3. 女儿墙厚 240mm	m³	12.268 8	767.68	9 418.51	
63	010505001001	有梁板(二层,基本标高 4.45m) 1. 混凝土种类:预拌非泵送; 2. 混凝土强度等级:C30; 3. 板厚 120mm、150mm	m³	406.940 7	720.65	293 261.82	
64	010505001002	有梁板(三层,基本标高 8.25m) 1. 混凝土种类:预拌非泵送; 2. 混凝土强度等级:C30; 3. 板厚:120mm	m³	416.363	720.65	300 052	
65	010505001003	有梁板(四层,基本标高 12.05m) 1. 混凝土种类:预拌非泵送; 2. 混凝土强度等级:C30; 3. 板厚:120mm	m³	416.985 4	720.65	300 500.53	
66	010505001004	有梁板(五层,基本标高 15.85m) 1. 混凝土种类:预拌非泵送; 2. 混凝土强度等级:C30; 3. 板厚:120mm	m³	423.718 2	720.65	305 352.52	

续表

序号	项目编码	项目名称及 项目特征描述	计量单位	工程量	金额/元		
					综合单价	综合合价	其中：暂估价
67	010505001005	有梁板(六层,基本标高 19.65m) 1. 混凝土种类：预拌非泵送； 2. 混凝土强度等级：C30； 3. 板厚：120mm	m³	418.426 7	720.65	301 539.2	
68	010505001006	有梁板(屋顶层,基本标高 23.45m) 1. 混凝土种类：预拌非泵送； 2. 混凝土强度等级：C30； 3. 板厚：120mm	m³	457.617 3	720.65	329 781.91	
69	010505001007	有梁板 1. 混凝土种类：预拌非泵送； 2. 混凝土强度等级：C30； 3. 板厚：120mm	m³	54.078	720.65	38 971.31	
70	010505008001	雨篷 1. 混凝土种类：预拌非泵送； 2. 混凝土强度等级：C30	m³	2.287	806.15	1 843.67	
71	010506001001	直形楼梯 1. 混凝土种类：预拌非泵送； 2. 混凝土强度等级：C30	m³	73.952 3	792.17	58 582.79	
72	010507001001	坡道 坡道做法：防滑耐磨坡道,参见 12J003-A8-11A	m²	88.721	206.65	18 334.19	
73	010507001002	散水 1. 散水做法：室外工程图集 (12J003-A1-1A)； 2. 混凝土种类：预拌非泵送； 3. 混凝土强度等级：C20	m²	119.541 1	122.09	14 594.77	
74	010507004001	台阶 1. 台阶做法图集：室外工程图集 (12J003-B3-9A)； 2. 踏步高、宽：150mm×300mm； 3. 混凝土种类：预拌非泵送； 4. 混凝土强度等级：C20	m²	91.93	274.53	25 237.54	
75	010507005001	扶手、压顶 1. 断面尺寸：240mm×120mm； 2. 混凝土种类：预拌非泵送； 3. 混凝土强度等级：C25	m³	5.62	794.3	4 463.97	
76	010507005002	压顶 1. 断面尺寸：240mm×120mm； 2. 混凝土种类：预拌非泵送； 3. 混凝土强度等级：C25	m³	26.5	794.3	21 048.95	

续表

序号	项目编码	项目名称及项目特征描述	计量单位	工程量	金额/元		
					综合单价	综合合价	其中:暂估价
77	010508001001	后浇带 1. 混凝土种类:预拌非泵送; 2. 混凝土强度等级:C35 补偿收缩混凝土	m³	14.86	766.59	11 391.53	
78	010510003001	过梁(现场预制) 图代号:钢筋混凝土过梁 13G322-1-4	m³	2.642 4	836.06	2 209.2	
79	010515001001	现浇构件钢筋 1. ϕ12mm 以内; 2. HRB400 级钢	t	165.525	7 983.23	1 321 424.15	
80	010515001002	现浇构件钢筋 1. ϕ25mm 以内; 2. HRB400 级钢	t	384.819	7 279.63	2 801 339.94	
81	010515001003	现浇构件钢筋(墙柱墙拉结钢筋) 1. ϕ12mm 以内; 2. HRB400 级钢	t	7.687	9 528.56	73 246.04	
82	010515003001	钢筋网片 1. 屋面刚性层冷轧扭钢筋; 2. 规格 ϕ4	t	2.246	5 145.24	11 556.21	
83	010515004001	钢筋笼(桩顶灌芯用钢筋笼) 1. 做法见图集苏(G03—2012)第50、51 页; 2. 图集中钢筋均改为 HRB400 级	t	6.64	7 767.4	51 575.54	
84	010516002001	预埋铁件(桩顶混凝土灌芯用钢托板) 3mm 厚圆薄钢板	t	0.3744	14 305.88	5 356.12	
	A.6	金属结构工程				106 096.8	
85	010606009001	钢护栏 1. 护栏做法:15J403-1-D4(PA1 型); 2. 护栏高度:净高 900mm,栏杆间距<110mm	m	190.26	180	34 246.8	
86	010606009002	钢护栏 1. 护栏做法:15J403-1-B16-B5; 2. 栏杆高度、间距:栏杆高度 1100mm,间距 100mm	m	26.5	180	4 770	
87	010607003001	成品雨篷 1. 材料品种、规格:钢结构成品雨篷,专业厂家设计安装; 2. 雨篷宽度:外挑 6.5m	m²	78	860	67 080	

续表

序号	项目编码	项目名称及项目特征描述	计量单位	工程量	综合单价	综合合价	其中：暂估价
	A.8	门窗工程				1 132 741.6	
88	010801004001	木质防火门 1. 门代号及洞口尺寸：YFM1222； 2. 门框及门扇材料：木质乙级防火门	m²	76.08	550	41 844	
89	010801004002	木质防火门 1. 门代号及洞口尺寸：YFM1218； 2. 门框及门扇材料：木质乙级防火门	m²	24	550	13 200	
90	010802001001	金属（塑钢）门 1. 门代号及洞口尺寸：M0922； 2. 门框、扇材质：铝合金平开门	m²	47.52	800	38 016	
91	010802001002	金属（塑钢）门 1. 门代号及洞口尺寸：M1528，洞口宽1500，高2800； 2. 门框、扇材质：铝合金平开门	m²	25.2	800	20 160	
92	010807001001	金属（塑钢、断桥）窗 1. 窗代号及洞口尺寸：MLC1； 2. 框、扇材质：窗框料采用70系列、门框料采用100系列，窗框料均采用铝合金，未详内容见专业厂家专项设计； 3. 玻璃品种、厚度：门玻璃均为12mm厚钢化玻璃	m²	308.4	400	123 360	
93	010807001002	金属（塑钢、断桥）窗 1. 窗代号及洞口尺寸：C1520； 2. 框、扇材质：铝合金推拉窗，窗框料70系列铝合金	m²	180	380	68 400	
94	010807001003	金属（塑钢、断桥）窗 1. 窗代号及洞口尺寸：C3320； 2. 框、扇材质：铝合金推拉窗，窗框料70系列铝合金	m²	1 135.2	380	431 376	
95	010807001004	金属（塑钢、断桥）窗 1. 窗代号及洞口尺寸：C2； 2. 框、扇材质：铝合金推拉窗，窗框料70系列铝合金	m²	98.6	380	37 468	
96	010807001005	金属（塑钢、断桥）窗 1. 窗代号及洞口尺寸：C3； 2. 框、扇材质：铝合金推拉窗，窗框料70系列铝合金	m²	90.48	380	34 382.4	

续表

序号	项目编码	项目名称及项目特征描述	计量单位	工程量	金额/元		
					综合单价	综合合价	其中：暂估价
97	010807001006	金属(塑钢、断桥)窗 1. 窗代号及洞口尺寸：C1020； 2. 框、扇材质：铝合金推拉窗，窗框料 70 系列铝合金	m²	92	380	34 960	
98	010807001007	金属(塑钢、断桥)窗 1. 窗代号及洞口尺寸：C9720； 2. 框、扇材质：铝合金推拉窗，窗框料 70 系列铝合金	m²	77.6	380	29 488	
99	010807001008	金属(塑钢、断桥)窗 1. 窗代号及洞口尺寸：JYC3320，消防救援窗； 2. 框、扇材质：铝合金推拉窗，窗框料 70 系列铝合金	m²	132	380	50 160	
100	010807001009	金属(塑钢、断桥)窗 1. 窗代号及洞口尺寸：JYC9720，消防救援窗； 2. 框、扇材质：铝合金推拉窗，窗框料 70 系列铝合金	m²	77.6	380	29 488	
101	010807001010	金属(塑钢、断桥)窗 1. 窗代号及洞口尺寸：C1； 2. 框、扇材质：70 系列铝合金； 3. 玻璃品种、厚度：6mm 厚钢化玻璃	m²	385.44	380	146 467.2	
102	010807001011	金属(塑钢、断桥)窗 1. 窗代号及洞口尺寸：C1570； 2. 框、扇材质：70 系列铝合金； 3. 玻璃品种、厚度：6mm 厚钢化玻璃	m²	52.5	380	19 950	
103	010807001012	金属(塑钢、断桥)窗 1. 窗代号及洞口尺寸：JYC1570，消防救援窗； 2. 框、扇材质：70 系列铝合金； 3. 玻璃品种、厚度：6mm 厚钢化玻璃	m²	10.5	380	3 990	
104	010807001013	金属(塑钢、断桥)窗 1. 窗代号及洞口尺寸：JYC3320，消防救援窗； 2. 框、扇材质：铝合金推拉窗，窗框料 70 系列铝合金	m²	26.4	380	10 032	
	A.9	屋面及防水工程				318 425.11	

续表

序号	项目编码	项目名称及项目特征描述	计量单位	工程量	金额/元		
					综合单价	综合合价	其中：暂估价
105	010902001001	屋面卷材防水 1. 卷材品种、规格、厚度：4mm 厚 APP 防水卷材； 2. 防水层数：单层； 3. 防水层做法：热熔满铺	m²	2 151.124 7	45.98	98 908.71	
106	010902003001	屋面刚性层 1. 刚性层厚度：40mm 厚； 2. 混凝土种类：细石混凝土； 3. 混凝土强度等级：C30； 4. 钢筋规格、型号：4mm 钢筋间距 150mm 双向布置	m²	2 042.066 6	73.27	149 622.22	
107	010902008001	屋面变形缝 图集选用：图集（14J936-AW1-1A）	m	18.495	108.37	2 004.3	
108	010903002001	墙面涂膜防水（电梯井壁四周） 1. 防水膜品种：聚氨酯防水涂膜； 2. 涂膜厚度、遍数：厚度 2mm； 3. 防水部位：电梯井壁四周	m²	30.279 9	76.4	2 313.38	
109	010903004001	墙面变形缝 图集：14J936-AN1-1	m	93.94	70.23	6 597.41	
110	010904002001	楼（地）面涂膜防水（卫生间） 1. 防水膜品种：聚氨酯防水涂膜； 2. 涂膜厚度、遍数：三遍,1.8mm 厚； 3. 反边高度：300mm	m²	512	66.18	33 884.16	
111	010904002003	楼（地）面涂膜防水（电梯井坑底板外防水） 1. 防水膜品种：聚氨酯防水涂膜； 2. 涂膜厚度、遍数：2.0mm 厚	m²	18.24	66.18	1 207.12	
112	010904004001	楼（地）面变形缝 伸缩缝做法：地面伸缩缝 150mm 宽,做法参见 14J936-AD11-1	m	110.19	108.37	11 941.29	
113	010904004002	楼（地）面变形缝（天棚） 做法图集：天棚伸缩缝做法见图集（14J936-AN1-1）	m	110.238 3	108.37	11 946.52	
	A.10	保温、隔热、防腐工程				177 607.88	

续表

序号	项目编码	项目名称及项目特征描述	计量单位	工程量	综合单价	综合合价	其中：暂估价
					金额/元		
114	011001001001	保温隔热屋面 保温隔热材料品种、规格、厚度：MLC 轻质混凝土 2%找坡，最薄处 100mm 厚	m²	2 042.066 6	78	159 281.19	
115	011001003001	保温隔热墙面 1. 保温隔热部位：电梯井壁四周； 2. 保护层材料品种、规格及厚度：50mm 厚聚苯乙烯泡沫塑料板保护层	m²	30.279 9	111.21	3 367.43	
116	011003001001	隔离层 1. 隔离层部位：屋面； 2. 隔离层材料品种：10mm 厚1∶3 石灰砂浆 3. 粘贴材料种类：混合砂浆	m²	2 042.066 6	7.28	14 866.24	
117	011003001002	隔离层 10mm 厚低标号砂浆隔离层	m²	18.24	5.1	93.02	
	A.11	楼地面装饰工程				764 084.47	
118	011101001001	水泥砂浆楼地面 面层厚度、砂浆配合比：20mm 厚1∶3 水泥砂浆楼面	m²	11.119 2	28.23	313.9	
119	011101001002	水泥砂浆楼地面 1. 垫层：素土夯实、300mm 厚碎石夯实； 2. 找平层厚度、砂浆配合比：150mm 厚 C25 混凝土垫层； 3. 面层厚度、砂浆配合比：原浆结面	m²	1 463.370 3	166.9	244 236.5	
120	011101003001	细石混凝土楼地面 面层厚度、混凝土强度等级：30mm 厚细石混凝土随捣随抹	m²	9 143.265	31.06	283 989.81	
121	011101003002	细石混凝土楼地面(电梯井坑地面) 1. 找平层厚度、砂浆配合比：20mm 厚1∶2.5 防水砂浆； 2. 面层厚度、混凝土强度等级：50mm 厚 C20 细石混凝土	m²	11.025	78.35	863.81	
122	011101006001	平面砂浆找平层 找平层厚度、砂浆配合比：20mm 厚1∶3 水泥砂浆找平层	m²	2 042.066 6	24.39	49 806	

序号	项目编码	项目名称及项目特征描述	计量单位	工程量	金额/元		
					综合单价	综合合价	其中：暂估价
123	011101006002	平面砂浆找平层（电梯井坑底板外侧） 1. 20mm 厚 1：2.5 水泥砂浆找平层； 2. 50mm 厚 C15 细石混凝土保护层	m²	18.24	69.62	1 269.87	
124	011102003001	块料楼地面（楼梯间、电梯间地面等） 1. 垫层：素土夯实，150mm 厚碎石垫层； 2. 找平层厚度、砂浆配合比：100mm 厚 C25 混凝土随捣随抹平； 3. 结合层厚度、砂浆配合比：30mm 厚 1：2 干硬性水泥砂浆结合层； 4. 面层材料品种、规格、颜色：10mm 厚防滑地砖，300mm × 300mm； 5. 嵌缝材料种类：干水泥擦缝	m²	109.94	228.75	25 148.78	
125	011102003002	块料楼地面（卫生间地面） 1. 垫层：素土夯实，150mm 厚碎石垫层； 2. 找平层厚度、砂浆配合比：100mm 厚 C25 混凝土随捣随抹平； 3. 找平层厚度、混凝土强度：最薄处 40mm 厚 C20 细石混凝土找坡 1%； 4. 结合层厚度、砂浆配合比：20mm 厚 1：2 干硬性水泥砂浆； 5. 面层材料品种、规格、颜色：10mm 厚防滑地砖，600mm × 600mm； 6. 嵌缝材料种类：干水泥擦缝	m²	110.494 9	263.45	29 109.88	
126	011102003003	块料楼地面 1. 结合层厚度、砂浆配合比：30mm 厚 1：2 干硬性水泥砂浆结合层； 2. 面层材料品种、规格、颜色：10mm 厚防滑地砖，300mm × 300mm； 3. 嵌缝材料种类：干水泥擦缝	m²	333.372	126.48	42 164.89	

序号	项目编码	项目名称及项目特征描述	计量单位	工程量	金额/元		
					综合单价	综合合价	其中：暂估价
127	011102003004	块料楼地面（卫生间楼面） 1. 找平层厚度、砂浆配合比：30mm 厚细石混凝土找坡，坡向地漏； 2. 结合层厚度、砂浆配合比：5mm 厚 1∶1 水泥细砂浆； 3. 面层材料品种、规格、颜色：10mm 厚防滑地砖，600mm×600mm； 4. 嵌缝材料种类：干水泥擦缝	m²	304.238 5	134	40 767.96	
128	011105003001	块料踢脚线 1. 踢脚线高度：100mm； 2. 找平层厚度、材料各类：12mm 厚 1∶3 水泥砂浆打底； 3. 粘贴层厚度、材料种类：5mm 厚 1∶1 水泥砂浆结合层； 4. 面层材料品种、规格、颜色：10mm 厚地面砖，干水泥擦缝	m	671	25.27	16 956.17	
129	011106002001	块料楼梯面层 1. 黏结层厚度、材料种类：30mm 厚 1∶2 干硬性水泥砂浆结合层； 2. 面层材料品种、规格、颜色：10mm 厚防滑地砖，300mm×300mm，干水泥擦缝	m²	337.074	87.39	29 456.9	
	A.12	墙、柱面装饰与隔断、幕墙工程				1 036 053.76	
130	011201001001	墙面一般抹灰 1. 墙体类型：砖墙； 2. 底层厚度、砂浆配合比：15mm 厚 1∶1∶6 水泥石灰膏砂浆打底扫毛； 3. 中层厚度、砂浆配合比：5mm 厚 1∶0.3∶3 水泥石灰膏砂浆抹平	m²	2 335.324 2	33.75	78 817.19	
131	011201001002	墙面一般抹灰 1. 底层厚度、砂浆配合比：10mm 厚 1∶3 水泥砂浆刮糙； 2. 结合层厚度、砂浆配合比：8mm 厚 1∶3 水泥砂浆结合层	m²	1 341.176 7	36.12	48 443.3	

续表

序号	项目编码	项目名称及项目特征描述	计量单位	工程量	金额/元		
					综合单价	综合合价	其中：暂估价
132	011201001003	墙面一般抹灰 1.墙体类型：砖墙； 2.底层厚度、砂浆配合比：15mm厚1∶1∶6水泥石灰膏砂浆打底扫毛； 3.找平层厚度、砂浆配合比：5mm厚1∶0.3∶3水泥石灰膏砂浆找平； 4.面层厚度、砂浆配合比：白腻子批嵌2遍	m²	4 383.296 4	45.96	201 456.3	
133	011201001004	墙面一般抹灰 1.墙体类型：多孔砖外墙面； 2.底层厚度、砂浆配合比：12mm 1∶3水泥砂浆； 3.中层厚度、砂浆配合比：10mm厚1∶2.5防水砂浆	m²	4 175.57	45.75	191 032.33	
134	011201001005	墙面一般抹灰 1.墙体类型：多孔砖墙外墙面； 2.底层厚度、砂浆配合比：12mm 1∶3水泥砂浆； 3.中层厚度、砂浆配合比：8mm厚1∶2.5水泥砂浆； 4.面层厚度、材料：耐碱玻璃网格布压入5mm厚聚合物抗裂砂浆层	m²	707.615 4	62.79	44 431.17	
135	011201001006	墙面一般抹灰 1.墙体类型：电梯井壁； 2.底层厚度、砂浆配合比：12mm 1∶2.5水泥砂浆； 3.面层厚度、砂浆配合比：6mm 1∶2.5水泥砂浆	m²	31.147 1	39.83	1 240.59	
136	011202001001	柱面一般抹灰 1.柱(梁)体类型：独立柱； 2.底层厚度、砂浆配合比：15mm厚1∶1∶6水泥石灰膏砂浆； 3.中层厚度、砂浆配合比：5mm厚1∶0.3∶3水泥石灰膏砂浆	m²	752.069	47.78	35 933.86	
137	011204003001	块料墙面(卫生间) 1.墙体类型：多孔砖内墙； 2.安装方式：粘贴； 3.面层材料品种、规格、颜色：5mm厚600mm×300mm釉面砖白水泥擦缝	m²	1 380.785 9	314.82	434 699.02	

续表

序号	项目编码	项目名称及 项目特征描述	计量 单位	工程量	金额/元		
					综合 单价	综合合价	其中： 暂估价
	A.13	天棚工程				57 496.46	
138	011302001001	吊顶天棚(卫生间) 1.吊顶形式、吊杆规格、高度：直径8mm 的钢筋吊杆，双向中距900～1 200；高度600mm； 2.龙骨材料种类、规格、中距：轻钢大龙骨60×30×1.5(中距＜1 200，吊点附吊挂)；铝合金中龙骨中距等于板宽；铝合金横撑龙骨等于板长； 3.面层材料品种、规格：铝塑板面层	m²	357.01	161.05	57 496.46	
	A.14	油漆、涂料、裱糊工程				845 835.27	
139	011406001001	抹灰面油漆 1.基层类型：一般抹灰面； 2.油漆品种、刷漆遍数：外墙底涂封闭涂料一遍、米白色真石漆面层专业厂家施工	m²	4 175.57	110.53	461 525.75	
140	011406001002	抹灰面油漆 1.基层类型：一般抹灰面； 2.腻子种类：防水腻子； 3.刮腻子遍数：2 遍； 4.油漆品种、刷漆遍数：弹性底漆、弹性中拉毛、深褐色弹性涂料面漆	m²	707.615 4	37.38	26 450.66	
141	011406003001	满刮腻子(墙面) 白水泥腻子批嵌2 遍	m²	4 383.296 4	12.75	55 887.03	
142	011406003002	满刮腻子(柱面) 白水泥腻子批嵌2 遍	m²	752.069	17.96	13 507.16	
143	011406003003	满刮腻子(天棚) 白水泥批嵌2 遍 刷界面处理剂一道	m²	13 095.480 9	17.96	235 194.84	
144	011407001001	墙面喷刷涂料 1.喷刷涂料部位：内墙面抹灰面； 2.腻子种类：白水泥腻子批嵌2 遍； 3.涂料品种、喷刷遍数：白色无机涂料2 遍	m²	2 335.324 2	22.6	52 778.33	

续表

序号	项目编码	项目名称及项目特征描述	计量单位	工程量	金额/元		其中:暂估价
					综合单价	综合合价	
145	011407001002	墙面喷刷涂料 1. 基层类型:抹灰面基层; 2. 喷刷涂料部位:电梯井壁内墙面; 3. 涂料品种、喷刷遍数:内墙防霉涂料两度	m²	31.147 1	15.78	491.5	
		分部分项合计				12 259 179.12	
		措施项目				3 759 291.36	
146	011701001001	综合脚手架	m²	12 811.61	75.74	970 351.34	
147	011702001001	基础 模板 基础类型:桩承台	m²	566.667 4	73.31	41 542.39	
148	011702001002	基础 模板 基础类型:垫层	m²	69.196 4	86.44	5 981.34	
149	011702001003	基础 模板 基础类型:设备基础	m²	3.83	59.09	226.31	
150	011702002001	矩形柱 模板	m²	94.545	92.81	8 774.72	
151	011702002002	矩形柱 模板	m²	27.6	92.81	2 561.56	
152	011702002003	矩形柱 模板	m²	431.082 6	92.81	40 008.78	
153	011702002004	矩形柱 模板	m²	148.695	92.81	13 800.38	
154	011702002005	矩形柱 模板	m²	20.558 5	92.81	1 908.03	
155	011702002006	矩形柱 模板	m²	347.682 1	92.81	32 268.38	
156	011702002007	矩形柱 模板	m²	102.8	92.81	9 540.87	
157	011702002008	矩形柱 模板	m²	15.331 8	92.81	1 422.94	
158	011702002009	矩形柱 模板	m²	344.335	92.81	31 957.73	
159	011702002010	矩形柱 模板	m²	123.408	92.81	11 453.5	
160	011702002011	矩形柱 模板	m²	15.331 8	92.81	1 422.94	
161	011702002012	矩形柱 模板	m²	439.172 6	92.81	40 759.61	
162	011702002013	矩形柱 模板	m²	15.331 8	92.81	1 422.94	
163	011702002014	矩形柱 模板	m²	423.236 6	92.81	39 280.59	
164	011702002015	矩形柱 模板	m²	15.331 8	92.81	1 422.94	

续表

序号	项目编码	项目名称及项目特征描述	计量单位	工程量	金额/元		
					综合单价	综合合价	其中：暂估价
165	011702002016	矩形柱 模板	m²	421.883 8	92.81	39 155.04	
166	011702002017	矩形柱 模板	m²	3.934	92.81	365.11	
167	011702002018	矩形柱 模板	m²	88.303	92.81	8 195.4	
168	011702003001	构造柱 模板	m²	285.583 4	92.63	26 453.59	
169	011702003002	构造柱 模板	m²	223.223 6	92.63	20 677.2	
170	011702003003	构造柱 模板	m²	212.615 3	92.63	19 694.56	
171	011702003004	构造柱 模板	m²	211.754 8	92.64	19 616.96	
172	011702003005	构造柱 模板	m²	206.285 2	92.64	19 110.26	
173	011702003006	构造柱 模板	m²	202.892 7	92.64	18 795.98	
174	011702003007	构造柱 模板	m²	111.009 2	92.63	10 282.78	
175	011702005001	基础梁 模板 梁截面形状：矩形	m²	506.680 9	54.63	27 679.98	
176	011702006001	矩形梁 模板 支撑高度：2.43m	m²	17.167 9	82.57	1 417.55	
177	011702008001	圈梁 模板	m²	200.943 3	68.13	13 690.27	
178	011702009001	过梁 模板	m²	174.668 3	90.67	15 837.17	
179	011702011001	直形墙 模板	m²	57.089 8	60.04	3 427.67	
180	011702011002	直形墙 模板	m²	102.24	55.52	5 676.36	
181	011702014001	有梁板 模板 支撑高度：4.68m	m²	2 832.747 4	82.44	233 531.7	
182	011702014001	有梁板 模板 支撑高度：3.68m	m²				
183	011702014002	有梁板 模板 支撑高度：3.68m	m²	3 276.667	82.44	270 128.43	
184	011702014003	有梁板 模板 支撑高度：3.68m	m²	3 283.501 4	82.44	270 691.86	
185	011702014004	有梁板 模板 支撑高度：3.68m	m²	3 302.229 3	82.44	272 235.78	
186	011702014005	有梁板 模板 支撑高度：3.68m	m²	3 298.357 4	82.44	271 916.58	

续表

序号	项目编码	项目名称及项目特征描述	计量单位	工程量	金额/元		
					综合单价	综合合价	其中：暂估价
187	011702014006	有梁板 模板 支撑高度：3.68m	m²	3 587.773 4	82.44	295 776.04	
188	011702014007	有梁板 模板 支撑高度：4.08m	m²	388.695 8	82.44	32 044.08	
189	011702014007	有梁板 模板 支撑高度：1m	m²	27.645 8	82.44	2 279.12	
190	011702014008	有梁板 模板 支撑高度：4.65m	m²	354.676	82.44	29 239.49	
191	011702023001	雨篷模板 1. 构件类型：雨篷； 2. 板厚度：100mm	m²	30.339 9	140.88	4 274.29	
192	011702024001	楼梯 模板 类型：双跑楼梯	m²	342.381 2	200.5	68 647.43	
193	011702025001	其他现浇构件 模板 构件类型：窗台压顶	m²	468.201 7	75.53	35 363.27	
194	011702027001	台阶 模板 台阶踏步宽：300mm	m²	15.637 8	35.57	556.24	
195	011702029001	散水 模板	m²	29.736 5	35.57	1 057.73	
196	011702030001	后浇带 模板 1. 后浇带部位：有梁板； 2. 最底层支撑工期：5个月以内	m²	117.184	172.75	20 243.54	
197	011703001001	垂直运输	天	345	849.48	293 070.6	
198	011704001001	超高施工增加（第六层）	m²	2 123.88	41.85	88 884.38	
199	011704001002	超高施工增加（局部七层）	m²	176.76	45.08	7 968.34	
200	011705001001	大型机械设备进出场及安拆	项	1	55 199.29	55 199.29	
		单价措施合计				3 759 291.36	

注：为计取规费等的使用，可在表中增设其中："定额人工费"。

附表 4-4　总价措施项目清单与计价表

工程名称：研发车间土建工程　　　　　　　　　　　标段：毕业设计指导实例——某公司研发车间

序号	项目编码	项目名称	基数说明	费率/%	金额/元	调整费率/%	调整后金额/元	备注
1	011707001001	安全文明施工费			624 720.35			
1.1	1.1	基本费	分部分项合计＋技术措施项目合计－分部分项设备费－技术措施项目设备费	3.1	496 572.58			
1.2	1.2	增加费	分部分项合计＋技术措施项目合计－分部分项设备费－技术措施项目设备费	0.49	78 490.51			
1.3	1.3	扬尘污染防治增加费	分部分项合计＋技术措施项目合计－分部分项设备费－技术措施项目设备费	0.31	49 657.26			
2	011707010001	按质论价	分部分项合计＋技术措施项目合计－分部分项设备费－技术措施项目设备费	0.9	144 166.23			
3	011707002001	夜间施工	分部分项合计＋技术措施项目合计－分部分项设备费－技术措施项目设备费	0.05	8 009.24			
4	011707003001	非夜间施工照明	分部分项合计＋技术措施项目合计－分部分项设备费－技术措施项目设备费	0				在计取非夜间施工照明费时,建筑工程、仿古工程、修缮土建部分仅地下室(地宫)部分可计取；单独装饰、安装工程、园林绿化工程、修缮安装部分仅特殊施工部位内施工项目可计取
5	011707004001	二次搬运	分部分项合计＋技术措施项目合计－分部分项设备费－技术措施项目设备费	0				

续表

序号	项目编码	项目名称	基数说明	费率/%	金额/元	调整费率/%	调整后金额/元	备注
6	011707005001	冬雨季施工	分部分项合计＋技术措施项目合计－分部分项设备费－技术措施项目设备费	0.125	20 023.09			
7	011707006001	地上、地下设施、建筑物的临时保护设施	分部分项合计＋技术措施项目合计－分部分项设备费－技术措施项目设备费	0				
8	011707007001	已完工程及设备保护	分部分项合计＋技术措施项目合计－分部分项设备费－技术措施项目设备费	0.025	4 004.62			
9	011707008001	临时设施	分部分项合计＋技术措施项目合计－分部分项设备费－技术措施项目设备费	2	320 369.41			
10	011707009001	赶工措施	分部分项合计＋技术措施项目合计－分部分项设备费－技术措施项目设备费	0				
11	011707011001	住宅分户验收	分部分项合计＋技术措施项目合计－分部分项设备费－技术措施项目设备费	0				在计取住宅分户验收时,大型土石方工程、桩基工程和地下室部分不计入计费基础
12	011707012001	建筑工人实名制	分部分项合计＋技术措施项目合计－分部分项设备费－技术措施项目设备费	0.05	8 009.24			建筑工人实名制设备由建筑工人工资专用账户开户银行提供的,建筑工人实名制费用按表中费率乘以 0.5 系数计取
		合　　计				1 129 302.18		

编制人(造价人员):　　　　　　　　　　　复核人(造价工程师):

附表 4-5　其他项目清单与计价汇总表

工程名称：研发车间土建工程　　　　　　　　　　　标段：毕业设计指导实例——某公司研发车间

序号	项目名称	金额/元	结算金额/元	备注
1	暂列金额	800 000		
2	暂估价			
2.1	材料(工程设备)暂估价	—		
2.2	专业工程暂估价			
3	计日工	15 000		
4	总承包服务费			
5	索赔与现场签证			
	合计	815 000		

附表 4-6 规费、税金项目清单与计价表

工程名称：研发车间土建工程　　　　　　标段：毕业设计指导实例——某公司研发车间

序号	项目名称	计 算 基 础	计算基数	计算费率/%	金额/元
1	规费	社会保险费＋住房公积金＋环境保护税			670 011.43
1.1	社会保险费	分部分项工程＋措施项目＋其他项目－分部分项设备费－技术措施项目设备费	17 962 772.66	3.2	574 808.73
1.2	住房公积金	分部分项工程＋措施项目＋其他项目－分部分项设备费－技术措施项目设备费	17 962 772.66	0.53	95 202.7
1.3	环境保护税	分部分项工程＋措施项目＋其他项目－分部分项设备费－技术措施项目设备费	17 962 772.66	0	
2	税金	分部分项工程＋措施项目＋其他项目＋规费－(甲供材料费＋甲供主材费＋甲供设备费)/1.01	18 632 784.09	9	1 676 950.57
		合　计			2 346 962

工程名称：研发车间土建工程

附表 4-7　分部分项工程量清单综合单价分析表（节选）

序号	项目编号	项目名称	定额编号	定额名称	计量单位	工程数量	其中：/元				全费用综合单价		工程造价
							人工费	材料费	机械费	管理费＋利润	扣甲供费用	小计	
1	010301004001	截（凿）桩头（桩顶灌注混凝土）1. 预拌非泵送混凝土；2. C40 内掺微膨胀剂			m³	87.56	136.8	665.98	36.15	668.41		1 507.34	131 981.67
			3-91换	人工挖孔灌注混凝土桩井壁内灌注（C30 非泵送商混凝土）换为【C40 预拌混凝土（非泵送）】	m³	87.56	136.8	629.98	36.15	644.76		1 447.69	126 759.5
			独立费	微膨胀剂	m³	87.56		36		23.64		59.64	5 222.17
2	010301004002	截（凿）桩头人工截断桩预制桩			根	13	28.04	1.72	14.42	57.85		102.03	1 326.46
			3-94	人工截断桩预制桩	10 根	1.3	280.35	17.2	144.23	578.51		1 020.29	1 326.38
3	010301004003	截（凿）桩头桩孔人工土方清除及管理清理			根	260		20		13.14		33.14	8 614.82

续表

序号	项目编号	项目名称	定额编号	定额名称	计量单位	工程数量	人工费	材料费	机械费	管理费+利润	扣甲供费用	小计	工程造价
								其中：/元				全费用综合单价	
4	010401001001	砖基础 1. 砖品种、规格、强度等级：MU20混凝土实心砖； 2. 基础类型：条形； 3. 砂浆强度等级：水泥砂浆 M10	独立费	截（凿）桩头 桩孔人工土方清除及管壁清理	根	260		20		13.13		33.13	8 614.82
			4-1换	直形砖基础（M5水泥砂浆）换为【水泥砂浆 砂浆强度等级 M10】换为【混凝土砖 240×115×53】	m³	73.099 1	136.8	292.85	7.71	385.37		822.73	60 140.96
					m³	73.099 1	136.8	292.85	7.71	385.37		822.73	60 140.96
5	010401003001	实心砖墙(女儿墙) 1. 砖品种、规格、强度等级：240厚 MU15混凝土标准砖； 2. 墙体类型：女儿墙； 3. 砂浆强度等级、配合比：水泥石灰砂浆 M7.5			m³	45.937 8	165.3	266.24	7.55	405.76		844.85	38 810.5

序号	项目编号	项目名称	定额编号	定额名称	计量单位	工程数量	人工费	材料费	机械费	管理费+利润	扣甲供费用	小计	工程造价
										其中：/元		全费用综合单价	
			4-35 换	(M5混合砂浆) 1 标准砖外墙换为【混合砂浆 M7.5】强度等级 M7.5 换为【混凝土实心砖 240×115×53 MU15】	m³	45.937 8	165.3	266.24	7.55	405.76		844.85	38 810.5

序号 6~17(略)。

| 18 | 010401004013 | 多孔砖墙(七层外墙) 1. 砖品种、规格、强度等级: 240mm厚 MU20 煤矸石烧结多孔砖; 2. 墙体类型: 外墙; 3. 砂浆强度等级配合比: 水泥石灰砂浆 M5.0 | 4-28 | (M5混合砂浆) KP1 多孔砖墙 240×115×90 1砖 | m³ | 19.826 6 | 135.66 | 205.62 | 5.94 | 324.19 | | 671.41 | 13 311.77 |
| | | | | | | 19.826 6 | 135.66 | 205.62 | 5.94 | 324.19 | | 671.41 | 13 311.77 |

续表

序号	项目编号	项目名称	定额编号	定额名称	计量单位	工程数量	人工费	材料费	机械费	管理费+利润	扣甲供费用	小计	工程造价
										其中:/元		全费用综合单价	
19	010401004014	多孔砖墙(七层内墙) 1.砖品种、规格、强度等级:240mm厚 MU20煤矸石烧结多孔砖; 2.墙体类型:内墙; 3.砂浆强度等级配合比:水泥石灰砂浆 M5.0			m³	12.005 8	135.66	205.62	5.94	324.19		671.41	8 060.8
			4-28	(M5混合砂浆)KP1多孔砖墙240×115×90 1砖	m³	12.005 8	135.66	205.62	5.94	324.19		671.41	8 060.8
20	010501001001	垫层 1.混凝土种类:预拌非泵送; 2.混凝土强度等级:C15; 3.原土夯实			m³	60.172 8	96	530.79	2.01	479.49		1 108.29	66 689.31
			6-301换	(C10非泵送商品混凝土)基础无筋混凝土垫层换为【C15预拌混凝土(非泵送)】	m³	60.172 8	85.5	530.79	1.05	464.2		1 081.54	65 079.35

续表

序号	项目编号	项目名称	定额编号	定额名称	计量单位	工程数量	人工费	材料费	机械费	管理费+利润	扣甲供费用	小计	工程造价
												全费用综合单价	
21	010501004001	满堂基础 1.混凝土种类:预拌非泵送; 2.混凝土强度等级:C30,P6级抗渗混凝土	1-99	原土打底夯地面	10m²	60.172 8	10.5		0.96	15.31		26.77	1 610.95
						4.818	44.46	605.03	28.14	494.3		1 171.93	5 646.36
			6-306换	(C20非泵送商品混凝土)无梁式满堂基础【C30商品混凝土(非泵送)】换为【C30 P6预拌防水混凝土(非泵送)】	m³	4.818	44.46	605.03	28.14	494.3		1 171.93	5 646.36
22	010501005001	桩承台基础(CTJ01) 1.混凝土种类:预拌非泵送; 2.混凝土强度等级:C30			m³	34.532 8	52.44	601.13	28.14	502.41		1 184.12	40 891.1

续表

序号	项目编号	项目名称	定额编号	定额名称	计量单位	工程数量	其中:/元					全费用综合合单价 小计	工程造价
							人工费	材料费	机械费	管理费+利润	扣甲供费用		
			6-308换	(C20 非泵送商品混凝土) 桩承台独立柱基换为【C30 预拌混凝土(非泵送)】	m³	34.532 8	52.44	601.13	28.14	502.41		1 184.12	40 891.1
				序号 23~30(略)。									
31	010502001001	矩形柱(基础层) 1.混凝土种类:预拌非泵送; 2.混凝土强度等级:C35; 3.柱周长:2.5m以内			m³	13.943 3	133.38	619.37	2.13	587.77		1 342.65	18 721.02
			6-313换	(C30 非泵送商品混凝土) 矩形柱换为【C35 预拌混凝土(非泵送)】	m³	13.943 3	133.38	619.37	2.13	587.77		1 342.65	18 721.02
32	010502001002	矩形柱(基础层) 1.混凝土种类:预拌非泵送; 2.混凝土强度等级:C35; 3.柱周长:3.6m以内			m³	5.175	133.38	619.37	2.13	587.77		1 342.65	6 948.23

续表

序号	项目编号	项目名称	定额编号	定额名称	计量单位	工程数量	其中：/元					全费用综合单价 小计	工程造价
							人工费	材料费	机械费	管理费+利润	扣供甲费用		
			6-313换	(C30 非泵送商品混凝土) 矩形柱 换为【C35 预拌混凝土（非泵送）】	m³	5.175	133.38	619.37	2.13	587.77		1 342.65	6 948.23
序号 33~48(略)。													
49	010502002001	构造柱(一层) 1. 混凝土种类：预拌非泵送； 2. 混凝土强度等级：C25				28.125 2	226.86	588.48	2.13	692.38		1 509.85	42 464.74
			6-316换	(C20 非泵送商品混凝土) 构造柱 换为【C25 预拌混凝土（非泵送）】	m³	28.125 2	226.86	588.48	2.13	692.38		1 509.85	42 464.74
序号 50~55(略)。													
56	010503001001	基础梁 1. 混凝土种类：预拌非泵送； 2. 混凝土强度等级：C30				65.430 4	52.44	603.77	28.61	504.77		1 189.59	77 835.39
			6-317	(C30 非泵送商品混凝土) 基础梁 地坑支撑梁	m³	65.430 4	52.44	603.77	28.61	504.77		1 189.59	77 835.39

续表

序号	项目编号	项目名称	定额编号	定额名称	计量单位	工程数量	其中:/元					全费用综合单价 小计	工程造价
							人工费	材料费	机械费	管理费+利润	扣甲供费用		
57	010503002001	矩形梁(雨篷梁YPL) 1. 混凝土种类:预拌非泵送; 2. 混凝土强度等级:C30			m³	1.852 6	98.04	604.37	1.19	529.46		1 233.06	2 284.37
			6-318	(C30非泵送商品混凝土)单梁框架梁连续梁	m³	1.852 6	98.04	604.37	1.19	529.46		1 233.06	2 284.37
58	010503004001	圈梁(砖基础顶地圈梁) 1. 混凝土种类:预拌非泵送; 2. 混凝土强度等级:C25			m³	11.564 7	133.38	584.18	1.19	563.42		1 282.17	14 827.88
			6-320换	(C20非泵送商品混凝土)圈梁换为【C25预拌混凝土(非泵送)】	m³	11.564 7	133.38	584.18	1.19	563.42		1 282.17	14 827.88
59	010503004002	圈梁(卫生间混凝土翻边) 1. 混凝土种类:预拌非泵送; 2. 混凝土强度等级:C20			m³	2.258 9	133.38	562.37	1.19	549.09		1 246.03	2 814.65

续表

序号	项目编号	项目名称	定额编号	定额名称	计量单位	工程数量	人工费	材料费	机械费	管理费＋利润	扣甲供费用	小计	工程造价
							其中：/元					全费用综合单价	
60	010503005001	过梁 1. 混凝土种类：预拌非泵送； 2. 混凝土强度等级：C25	6-320	(C20 非泵送商品混凝土）圈梁	m³	2.258 9	133.38	562.37	1.19	549.09		1 246.03	2 814.65
			6-321 换	(C20 非泵送商品混凝土）过梁 换为【C25 预拌混凝土(非泵送)】	m³	14.378 2	176.7	585.23	1.19	621.98		1 385.1	19 915.22
					m³	14.378 2	176.7	585.23	1.19	621.98		1 385.1	19 915.22
61	010504001001	直形墙（基础层电梯井壁) 1. 混凝土种类：预拌非泵送； 2. 混凝土强度等级：C30，P6级抗渗混凝土； 3. 壁厚 250mm	6-328 换	(C30 非泵送商品混凝土）电梯井壁 换为【C30 P6 预拌防水混凝土(非泵送)】	m³	7.281 8	202.92	613.11	2.84	677.51		1 496.38	10 896.33
					m³	7.281 8	202.92	613.11	2.84	677.51		1 496.38	10 896.33

续表

序号	项目编号	项目名称	定额编号	定额名称	计量单位	工程数量	人工费	材料费	机械费	管理费＋利润	扣甲供费用	小计	工程造价
								其中：/元				全费用综合单价	
62	010504001002	直形墙（局部七层上女儿墙）1. 混凝土种类：预拌非泵送；2. 混凝土强度等级：C30；3. 女儿墙厚240mm			m³	12.268 8						1 271.82	15 603.61
			6-326	(C30 非泵送商品混凝土）地面墙上直(圆)形墙 厚在 200mm 外	m³	12.268 8	109.44	610.36	2.13	549.89		1 271.81	15 603.61
63	010505001001	有梁板(二层,基本标高 4.45m)1. 混凝土种类：预拌非泵送；2. 混凝土强度等级：C30；3. 板厚 120mm,150mm			m³	406.940 7						1 193.9	485 845.72
			6-331	(C30 非泵送商品混凝土）有梁板	m³	406.940 7	77.52	609.12	1.58	505.68		1 193.9	485 845.72

序号 64～69(略)。

续表

序号	项目编号	项目名称	定额编号	定额名称	计量单位	工程数量	人工费	材料费	机械费	管理费+利润	扣甲供费用	小计	工程造价
							其中/元					全费用综合单价	
70	010505008001	雨篷 1.混凝土种类：预拌非泵送；2.混凝土强度等级：C30			m³	2.287	142.22	602.97	1.88	588.47		1 335.54	3 054.4
			6-340换	(C20非泵送商品混凝土) 水平雨篷复式雨篷挑檐 换为【C30预拌混凝土(非泵送)】	10m² 水平投影面积	1.857	157.32	666.63	2.08	650.73		1 476.76	2 742.34
			6-342换	(C20非泵送商品混凝土) 楼梯、雨篷、阳台、台阶混凝土含量每增减 换为【C30预拌混凝土(非泵送)】	m³	0.24	137.94	587.73	1.88	572.76		1 300.31	312.07
71	010506001001	直形楼梯 1.混凝土种类：预拌非泵送；2.混凝土强度等级：C30			m³	73.952 3	133.27	601.58	1.9	575.63		1 312.38	97 053.88
			6-337换	(C20非泵送商品混凝土) 直形楼梯 换为【C30预拌混凝土(非泵送)】	10m² 水平投影面积	35.018	271.32	1 227.28	3.87	1 173.59		2 676.06	93 710.32

续表

序号	项目编号	项目名称	定额编号	定额名称	计量单位	工程数量	人工费	材料费	机械费	管理费＋利润	扣甲供费用	小计	工程造价
									其中：/元			全费用综合单价	
			6-342 换	（C20 非泵送商品混凝土）楼梯、雨篷、阳台、台阶混凝土 含量每增增减 换为【C30 预拌混凝土（非泵送）】	m³	2.572	137.94	587.73	1.88	572.76		1 300.31	3 344.39
72	010507001001	坡道 坡道做法：防滑耐磨坡道,参见 12J003-A8-11A			m²	88.721	45.14	137.16	4.15	155.91		342.36	30 374.18
			1-283	内燃压路机 6～8t 以内原土碾压	1 000m²	0.088 72	105		35.04	187.07		327.11	29.03
			13-9 换	垫层 碎石 干铺 设计碎石干铺需灌砂浆时 人工[00010302]含量＋0.25, 材料[80050103]含量＋0.32, 材料[31150101]含量＋0.3, 机械[99050503]含量＋0.064, 材料[04050203]含量－0.12, 材料[04050207]含量－0.04	m³	26.616 3	88.92	217.85	11.22	276.85		594.84	15 832.35

续表

序号	项目编号	项目名称	定额编号	定额名称	计量单位	工程数量	人工费	材料费	机械费	管理费+利润	扣甲供费用	小计	工程造价
								其中：/元			全费用综合单价		
			13-13-2	垫层 预拌混凝土（C20混凝土非泵送预拌混凝土）不分格	m³	8.872 1	80.94	553.25	1.08	472.89		1 108.16	9 831.75
			13-22	水泥砂浆 楼地面厚20mm	10m²	8.872 1	102.6	164.84	6.43	253.9		527.77	4 682.45
73	010507001002	散水 1. 散水做法：室外工程图集（12J003-A1-1A）；2. 混凝土种类：预拌非泵送；3. 混凝土强度等级：C20			m²	119.541 1	28.89	77.41	2.8	93.17		202.27	24 179.1
			1-283	内燃压路机 6～8t以内 原土碾压	1 000m²	0.119 54	105		35.04	187.07		327.11	39.1

续表

序号	项目编号	项目名称	定额编号	定额名称	计量单位	工程数量	人工费	材料费	机械费	管理费+利润	扣甲供费用	全费用综合单价 小计	工程造价
			13-9换	垫层 碎石 干铺 设计碎石干铺需灌砂浆时 人工[00010302]含量+0.25,材料[80050103]含量+0.32,材料[31150101]含量+0.3,机械[99050503]含量+0.064,材料[04050203]含量-0.12,材料[04050207]含量-0.04	m³	20.919 69	88.92	217.85	11.22	276.85		594.84	12 443.79
74	010507004001	台阶 1.台阶做法图集12J003-B3-9A; 室外工程图集12J003-B3-9A; 2.踏步高、宽:150mm×300mm; 3.混凝土种类:预拌非泵送; 4.混凝土强度等级:C20	13-18换	找平层 细石混凝土厚 40mm 实际厚度(mm): 60	10m²	11.954 11	132.24	392.87	8.05	445.4		978.56	11 697.82
					m²	91.93	70.7	168.38	4.59	211.13		454.8	41 810.94

续表

| 序号 | 项目编号 | 项目名称 | 定额编号 | 定额名称 | 计量单位 | 工程数量 | 其中：/元 | | | | | 全费用综合单价 | 工程造价 |
							人工费	材料费	机械费	管理费+利润	扣甲供费用	小计	
			1-283	内燃压路机 6～8t 以内原土碾压	1 000m²	0.091 93	105		35.04	187.07		327.11	30.07
			13-9换	垫层 碎石 干铺 设计碎石干铺需灌砂浆时 人工[00010302]含量+0.25,材料[80050103]含量+0.32,材料[31150101]含量+0.3,机械[99050503]含量+0.064,材料[04050203]含量-0.12,材料[04050207]含量-0.04	m³	27.579	88.92	217.85	11.22	276.85		594.84	16 405
			13-13-2	垫层 预拌混凝土(C20混凝土 非泵送预拌混凝土)不分格	m³	5.515 8	80.94	553.25	1.08	472.89		1 108.16	6 112.41
			13-81	楼地面单块 0.4m² 以内地砖干硬性水泥砂浆粘贴	10m²	9.193	390.58	698.3	11.24	995.39		2 095.51	19 263.98

续表

序号	项目编号	项目名称	定额编号	定额名称	计量单位	工程数量	其中：/元					全费用综合单价	工程造价
							人工费	材料费	机械费	管理费＋利润	扣甲供费用	小计	
75	010507005001	扶手,压顶 1. 断面尺寸: 240mm×120mm; 2. 混凝土种类: 预拌非泵送; 3. 混凝土强度等级: C25			m³	5.62	141.36	594.99		579.56		1 315.91	7 395.44
			6-349 换	(C20 非泵送商品混凝土)压顶 换为【C25 预拌混凝土(非泵送)】	m³	5.62	141.36	594.99		579.56		1 315.91	7 395.44

序号 76(略)。

序号	项目编号	项目名称	定额编号	定额名称	计量单位	工程数量	人工费	材料费	机械费	管理费＋利润	扣甲供费用	小计	工程造价
77	010508001001	后浇带 1. 混凝土种类: 预拌非泵送; 2. 混凝土强度等级: C35 补偿收缩混凝土			m³	14.86	101.46	621.31	1.58	545.65		1 270	18 872.3
			6-335 换	(C30 非泵送商品混凝土)后浇板带 换为【C35 预拌混凝土(非泵送)】	m³	14.86	101.46	621.31	1.58	545.66		1 270.01	18 872.3

续表

序号	项目编号	项目名称	定额编号	定额名称	计量单位	工程数量	其中:/元					全费用综合单价		工程造价
							人工费	材料费	机械费	管理费+利润	扣甲供费用	合单价 小计		
78	010510003001	过梁(现场预制) 图代号: 钢筋 混凝土过梁 13G322-1-4			m³	2.642 4	176.7	585.23	1.19	621.98		1 385.1		3 659.97
			6-321换	(C20非泵送商品混凝土)过梁 换为【C25预拌混凝土(非泵送)】	m³	2.642 4	176.7	585.23	1.19	621.98		1 385.1		3 659.97
79	010515001001	现浇构件钢筋 1. φ12mm以内; 2. HRB400级钢			t	165.525	1 268.14	6 074.46	85.6	5 797.58		13 225.78		2 189 198.28
			5-1换	现浇混凝土构件钢筋 直径 φ12mm 以内 在8m以内 人工×1.03	t	165.525	1 268.14	6 074.46	85.6	5 797.59		13 225.79		2 189 198.28
80	010515001002	现浇构件钢筋 1. φ25mm以内; 2. HRB400级钢			t	384.819	750.31	6 111.22	78.35	5 120.26		12 060.14		4 640 969.04
			5-2换	现浇混凝土构件钢筋 直径 φ25mm 以内 在8m以内 人工×1.03	t	384.819	750.31	6 111.22	78.35	5 120.25		12 060.13		46 409 694

续表

序号 81~82(略)。

序号	项目编号	项目名称	定额编号	定额名称	计量单位	工程数量	其中：/元					全费用综合单价	工程造价
							人工费	材料费	机械费	管理费+利润	扣甲供费用	小计	
			5-5	现浇混凝土构件成型冷轧扭钢筋	t	2.246	1 103.52	3 589.28		3 831.3		8 524.1	19 145.13
83	010515004001	钢筋笼(桩顶灌芯用钢筋笼) 1. 做法见图集苏 G03—2012 第50,51页。 2. 图集中钢筋均改为 HRB400 级			t	6.64	803.7	6 372.2	185.8	5 506.52		12 868.22	85 444.99
			5-6	现浇混凝土构件钢筋笼	t	6.64	803.7	6 372.2	185.8	5 506.52		12 868.22	85 444.99
84	010516002001	预埋铁件(桩顶混凝土灌芯用钢托板3mm厚圆薄钢板			t	0.374 4	5 845.91	4 617.63	1 025.19	12 211.77		23 700.5	8 873.46
			5-27	铁件制作	t	0.374 4	3 192	4 341.51	679.78	8 023.52		16 236.81	6 079.06
			5-28换	铁件安装	t	0.374 4	2 653.92	276.12	345.41	4 188.26		7 463.71	2 794.41
85	010606009001	钢护栏 1. 护栏做法: 15J403-1-D4 (PA1 型); 2. 护栏高度: 净高 900mm,栏杆间距<110mm			m	190.26		180		118.21		298.21	56 736.54

序号	项目编号	项目名称	定额编号	定额名称	计量单位	工程数量	人工费	材料费	机械费	管理费+利润	扣甲供费用	小计	工程造价
											全费用综合单价		
									其中：/元				
		钢护栏	独立费	钢护栏	m	190.26		180		118.21		298.21	56 736.54
86	010606009002	钢护栏 1.护栏做法：15J403-1-B16-B5； 2.栏杆高度、间距：栏杆高度1 100mm，间距100mm			m	26.5		180		118.21		298.21	7 902.44
			独立费	钢护栏	m	26.5		180		118.21		298.21	7 902.44
87	010607003001	成品雨篷 1.材料品种、规格：钢结构成品雨篷、专业厂家设计安装； 2.雨篷宽度：外挑6.5m			m²	78		860		564.75		1 424.75	111 131.18
			独立费	成品雨篷	m²	78		860		564.76		1 424.76	111 131.18
88	010801004001	木质防火门 1.门代号及洞口尺寸：YFM1222； 2.门框及门扇材料：木质乙级防火门			m²	76.08		550		361.18		911.18	69 322.79

续表

序号	项目编号	项目名称	定额编号	定额名称	计量单位	工程数量	人工费	材料费	机械费	管理费+利润	扣甲供费用	全费用综合单价 小计	工程造价
			独立费	木质防火门（乙级）	m²	76.08		550		361.18		911.18	69 322.79
89	010801004002	木质防火门 1.门代号及洞口尺寸：YFM1218; 2.门框及门扇材料：木质乙级防火门			m²	24		550		361.18		911.18	21 868.39
			独立费	木质防火门（乙级）	m²	24		550		361.18		911.18	21 868.39
90	010802001001	金属（塑钢）门 1.门代号及洞口尺寸：M0922; 2.门框、扇材质：铝合金平开门			m²	47.52		800		525.35		1 325.35	62 980.95
			独立费	金属（塑钢）门	m²	47.52		800		525.36		1 325.36	62 980.95
91	010802001002	金属（塑钢）门 1.门代号及洞口尺寸：M1528，洞口宽1 500，高2 800; 2.门框、扇材质：铝合金平开门			m²	25.2		800		525.35		1 325.35	33 398.99

续表

| 序号 | 项目编号 | 项目名称 | 定额编号 | 定额名称 | 计量单位 | 工程数量 | 其中:/元 | | | | | 全费用综合单价 | 工程造价 |
							人工费	材料费	机械费	管理费+利润	扣甲供费用	小计	
		金属（塑钢、断桥）窗 1.窗代号及洞口尺寸：MLC1; 2.框、扇材质：窗框料采用70系列，门框料采用	独立费	金属（塑钢、断桥）门	m²	25.2		800		525.36		1 325.36	33 398.99
92	010807001001	窗用100系列，窗框料均采用铝合金，未详内容见专业厂家专项设计; 3.玻璃品种、厚度：门窗玻璃均为12mm厚钢化玻璃	独立费	金属（塑钢、断桥）窗（100系列）	m²	308.4		400		262.68		662.68	204 370.03
					m²	308.4		400		262.68		662.68	204 370.03

序号 93~104（略）。

序号	项目编号	项目名称	定额编号	定额名称	计量单位	工程数量	人工费	材料费	机械费	管理费+利润	扣甲供费用	小计	工程造价
105	010902001001	屋面卷材防水 1.卷材品种、规格厚度：4mm厚APP防水卷材; 2.防水层数：单层; 3.防水层做法：热熔满铺			m²	2 151.124 7	6.84	36.34		33		76.18	163 861.67

续表

序号	项目编号	项目名称	定额编号	定额名称	计量单位	工程数量	其中：/元				全费用综合单价		工程造价
							人工费	材料费	机械费	管理费+利润	扣甲供费用	小计	
		屋面刚性层 1. 刚性层厚度：40mm厚； 2. 混凝土种类：细石混凝土； 3. 混凝土强度等级：C30； 4. 钢筋规格、型号：4mm 钢筋间距150 双向布置	10-40	单层 APP 改性沥青防水卷材（热熔满铺法）	10m²	215.112 47	68.4	363.35		330		761.75	163 861.67
106	010902003001		10-77 换	细石混凝土 刚性防水屋面有分格缝 40mm 厚 换为混凝土【C30 16mm32.5 拌落度 35～50mm】	m²	2 042.066 6	23.03	40.05	0.53	57.77		121.38	247 878.55
					10m²	204.206 66	230.28	400.46	5.32	577.72		1 213.78	247 861.64
107	010902 008 001	屋面变形缝 图集选用：图集 14J936-AW1-1A	10-182	平面铝合金板盖面	m	18.495	13.79	88.91	0.01	76.81		179.52	3 320.51
					10m	1.849 5	52.44	749.14	0.12	562.17		1 363.87	2 522.48

续表

| 序号 | 项目编号 | 项目名称 | 定额编号 | 定额名称 | 计量单位 | 工程数量 | 其中:/元 | | | | | 全费用综合单价 | 工程造价 |
							人工费	材料费	机械费	管理费+利润	扣甲供费用	小计	
			10-164	平面油浸麻丝伸缩缝	10m	1.849 5	85.5	139.93		206.12		431.55	798.16
108	010903002001	墙面涂膜防水(电梯井壁四周) 1.防水膜品种:聚氨脂防水涂膜; 2.涂膜厚度,遍数:厚度2mm; 3.防水部位:电梯井壁四周			m²	30.279 9	12.54	58.72		55.32		126.58	3 832.58
			10-117	刷聚氨脂防水涂料(立面)二涂 2.0mm	10m²	3.027 99	125.4	587.16		553.13		1 265.69	3 832.48
109	010903004001	墙面变形缝 图集:14J936-AN1-1			m	93.94	17.1	46.11	0.01	53.14		116.36	10 929.9
			10-183	立面铝合金板盖面	10m	9.394	43.32	321.21	0.07	268.9		633.5	5 951.13
			10-165	立面油浸麻丝伸缩缝	10m	9.394	127.68	139.93		262.47		530.08	4 979.53

续表

| 序号 | 项目编号 | 项目名称 | 定额编号 | 定额名称 | 计量单位 | 工程数量 | 其中:/元 | | | | | 全费用综合单价 | 工程造价 |
							人工费	材料费	机械费	管理费+利润	扣甲供费用	小计	
110	010904002001	楼(地)面涂膜防水(卫生间) 1.防水膜品种:聚氨脂防水涂膜; 2.涂膜厚度、遍数:三遍,1.8mm厚; 3.反边高度:300mm			m²	512	7.98	54.93		46.73		109.64	56 135.76
			10-116	刷聚氨脂防水涂料(平面)二涂 2.0mm	10m²	51.2	79.8	549.33		467.35		1 096.48	56 140
111	010904002003	楼(地)面涂膜防水(电梯井坑底板外防水) 1.防水膜品种:聚氨脂防水涂膜; 2.涂膜厚度、遍数:2.0mm厚			m²	18.24	7.98	54.93		46.73		109.64	1 999.82
			10-116	刷聚氨脂防水涂料(平面)二涂 2.0mm	10m²	1.824	79.8	549.33		467.35		1 096.48	1 999.97

续表

序号	项目编号	项目名称	定额编号	定额名称	计量单位	工程数量	其中:/元					全费用综合单价	工程造价
							人工费	材料费	机械费	管理费十利润	扣甲供费用	小计	
112	010904004001	楼(地)面变形缝 伸缩缝做法:地面伸缩缝150宽,做法参见14J936-AD11-1			m	110.19	13.79	88.91	0.01	76.81		179.52	19 783.1
			10-182	平面铝合金板盖面	10m	11.019	52.44	749.14	0.12	562.18		1 363.88	15 028.55
			10-164	平面油浸麻丝伸缩缝	10m	11.019	85.5	139.93		206.12		431.55	4 755.28
113	010904004002	楼(地)面变形缝(天棚) 做法图集:天棚伸缩缝做法见图集 14J936-AN1-1			m	110.238 3	13.79	88.91	0.01	76.81		179.52	19 791.74
			10-182	平面铝合金板盖面	10m	11.023 83	52.44	749.14	0.12	562.17		1 363.87	15 035.12
			10-164	平面油浸麻丝伸缩缝	10m	11.023 83	85.5	139.93		206.12		431.55	4 757.37
114	011001001001	保温隔热屋面 保温隔热材料品种、规格,厚度:MLC轻质混凝土2%找坡,最薄处100mm厚			m²	2 042.066 6	21.66	47.46		60.1		129.22	263 880.53

续表

序号	项目编号	项目名称	定额编号	定额名称	计量单位	工程数量	其中：/元					全费用综合单价 小计	工程造价
							人工费	材料费	机械费	管理费＋利润	扣甲供费用		
115	011001003001	保温隔热墙面 1. 保温隔热部位：电梯井壁四周；2. 保护层材料品种、规格及厚度：50mm 厚聚苯乙烯泡沫塑料板保护层	11-6换	屋面、楼地面 现浇水泥珍珠岩 保温隔热 换为【MLC 轻质混凝土】	m³	387.992 65	114	249.79		316.33		680.12	263 882.9
					m²	30.279 9	36.02	59.24	0.84	88.14		184.24	5 578.81
			11-39换	外墙外保温聚苯乙烯挤塑板 厚度 25mm 混凝土墙面 实际厚度 (mm)：50	10m²	3.027 99	360.24	592.42	8.39	881.51		1 842.56	5 579.26
116	011003001001	隔离层 1. 隔离层部位：屋面；2. 隔离层材料品种：10mm 厚 1：3 石灰砂浆；3. 粘贴材料材料种类：混合砂浆			m²	2 042.066 6	3.19	2.65	0.1	6.12		12.06	24 628.84

续表

序号	项目编号	项目名称	定额编号	定额名称	计量单位	工程数量	人工费	材料费	机械费	管理费+利润	扣甲供费用	小计（全费用综合单价）	工程造价
117	011003001002	隔离层 10mm厚低标号砂浆隔离层	10-90换	石灰砂浆隔离层 3mm	10m²	204.206 66	31.92	26.46	0.96	61.32		120.66	24 639
			10-90换	石灰砂浆隔离层 3mm 换为【混合砂浆比例 0.5:1:3】	m²	18.24	3.19	0.47	0.1	4.69		8.45	154.09
118	011101001001	水泥砂浆楼地面 面层厚度:20mm 配合比 1:3 水泥砂浆楼面			10m²	1.824	31.92	4.7	0.96	47.02		84.6	154.31
			13-22换	水泥砂浆楼地面 面厚 20mm 换为【水泥砂浆比例 1:3】	m²	11.119 2	10.26	12.86	0.64	23.01		46.77	520.04
119	011101001002	水泥砂浆楼地面 1. 垫层:素土夯实,300mm厚碎石夯实; 2. 找平层厚度、砂浆配合比:150mm 厚 C25 混凝土垫层; 3. 面层厚度、砂浆配合比:原浆结面			10m²	1.111 92	102.6	128.61	6.43	230.11		467.75	520.11
					m²	1 463.370 3	32.69	120.04	0.54	123.23		276.5	404 625.67

续表

| 序号 | 项目编号 | 项目名称 | 定额编号 | 定额名称 | 计量单位 | 工程数量 | 其中：/元 | | | | | 全费用综合合单价 | 工程造价 |
							人工费	材料费	机械费	管理费+利润	扣甲供费用	小计	
			1-283	内燃压路机 6～8t 以内 原土 碾压	1 000m²	1.463 37	105		35.04	187.07		327.11	478.69
			4-99	碎石垫层 干铺	m³	439.011 09	63	107.31	1.13	156.16		327.6	143 817.88
			13-14-2 换	垫层 预拌混凝土(C20混凝土非泵送预拌混凝土) 分格 换为【预拌混凝土 C25 粒径 20mm】	m³	219.505 55	91.2	585.62	1.08	507.85		1 185.75	260 278.08
120	011101003001	细石混凝土楼地面 面层厚度、混凝土强度等级:30mm厚细石混凝土随捣随抹			m²	9 143.265	7.75	19.55	0.41	23.75		51.46	470 484.82
			13-18 换	找平层 细石混凝土 厚 40mm 实际厚度(mm):30	10m²	914.326 5	77.52	195.53	4.15	237.5		514.7	470 606.01

续表

序号	项目编号	项目名称	定额编号	定额名称	计量单位	工程数量	其中:/元					全费用综合单价	工程造价
							人工费	材料费	机械费	管理费+利润	扣甲供费用	小计	
121	011101003002	细石混凝土楼地面(电梯井坑地面) 1.找平层厚度、砂浆配合比:20mm厚1:2.5防水砂浆; 2.面层厚度、混凝土强度等级:50mmC20细石混凝土			m²	11.025	19.04	49.65	1.32	59.79		129.8	1 431.07
			13-15 换	找平层 水泥砂浆(厚20mm)混凝土或硬基层上 换为【防水砂浆 比例 1:2.5】	10m²	1.102 5	76.38	169.42	6.43	221.88		474.11	522.7
			13-18 换	找平层 细石混凝土厚40mm 实际厚度(mm):50	10m²	1.102 5	114	327.09	6.75	376.12		823.96	908.42
122	011101006001	平面砂浆找平层 找平层厚度、砂浆配合比:20mm厚1:3水泥砂浆 找平层			m²	2 042.066 6	7.64	12.72	0.64	19.41		40.41	82 513.4

续表

序号	项目编号	项目名称	定额编号	定额名称	计量单位	工程数量	其中：/元					全费用综合单价 小计	工程造价
							人工费	材料费	机械费	管理费+利润	扣甲供费用		
			13-15	找平层 水泥砂浆（厚 20mm）混凝土或硬基层上	10m²	204.206 66	76.38	127.15	6.43	194.12		404.08	82 516.8
123	011101006002	平面砂浆找平层（电梯井坑底板外侧）1. 20mm厚1：2. 水泥砂浆找平层；2. 50mm厚 C15 细石混凝土保护层			m²	18.24	19.04	40.92	1.32	54.06		115.34	2 103.79
			13-15换	找平层 水泥砂浆（厚 20mm）混凝土或硬基层上 换为【水泥砂浆 比例1：2.5】	10m²	1.824	76.38	148.19	6.43	207.94		438.94	800.63
			13-18换	找平层 细石混凝土 厚 40mm 实际厚度(mm)：50 换为【C15混凝土 20mm32.5 坍落度 35～50mm】	10m²	1.824	114	261.03	6.75	332.74		714.52	1 303.27

续表

序号	项目编号	项目名称	定额编号	定额名称	计量单位	工程数量	人工费	材料费	机械费	管理费＋利润	扣甲供费用	小计	工程造价
									其中:/元			全费用综合单价	
124	011102003001	块料楼地面(楼梯间,电梯间地面等) 1.垫层:素土夯实,150mm厚碎石垫层; 2.找平层厚度,砂浆配合比:100mm 厚 C25 混凝土随捣随抹平; 3.结合层厚度,砂浆配合比:30mm 厚 1：2 干硬性水泥砂浆结合层; 4.面层材料品种、规格、颜色:10mm 厚 防滑地砖,300mm×300mm; 5.嵌缝材料种类：干水泥擦缝			m²	109.94	58.29	144.49	1.47	174.72		378.97	41 663.89
			1-99	原土打底夯地面	10m²	10.994	10.5		0.96	15.31		26.77	294.33
			13-9	垫层碎石干铺	m³	16.491	60.42	107.31	0.94	152.43		321.1	5 295.28

续表

序号	项目编号	项目名称	定额编号	定额名称	计量单位	工程数量	其中：/元					全费用综合单价	工程造价
							人工费	材料费	机械费	管理费+利润	扣甲供费用	小计	
			13-14-2换	垫层 预拌混凝土(C20 混凝土 非泵送 预拌混凝土)分格 换为【C25 预拌混凝土(非泵送)】	m³	10.994	91.2	585.62	1.08	507.85		1 185.75	13 036.11
			13-81	楼地面 单块 0.4m² 以内地砖 干硬性水泥砂浆粘贴	10m²	10.994	390.58	698.3	11.24	995.39		2 095.51	23 037.99
	序号 125～127(略)。												
128	011105003001	块料踢脚线 1. 踢脚线高度：100mm； 2. 找平层厚度、材料种类：12mm厚 1：3 水泥砂浆打底； 3. 粘贴层厚度、材料种类：5mm 厚1：1水泥砂浆结合层； 4. 面层材料品种、规格、颜色：10mm 厚地面砖，干水泥擦缝			m	671	11.56	8.78	0.14	21.39		41.87	28 091.22

续表

序号	项目编号	项目名称	定额编号	定额名称	计量单位	工程数量	人工费	材料费	机械费	管理费+利润	扣甲供费用	全费用综合单价 小计	工程造价
			13-95 换	同质地砖踢脚线水泥砂浆粘贴 换为【水泥砂浆比例1:1】	10m	67.1	115.64	87.84	1.38	214.02		418.88	28 106.78
129	011106002001	块料楼梯面层 1. 粘结层厚度,材料种类: 30mm厚1:2干硬性水泥砂浆结合层; 2. 面层材料品种、规格、颜色: 300mm×300mm 10mm厚防滑地砖,干水泥擦缝			m²	337.074	39.06	30.74	1.12	73.86		144.78	48 801.13
			13-81 换	楼地面单块地面0.4m²以内地砖干硬性水泥砂浆粘贴 换为【防滑地砖】	10m²	33.707 4	390.58	307.35	11.24	738.65		1 447.82	48 802.24

续表

序号	项目编号	项目名称	定额编号	定额名称	计量单位	工程数量	其中：/元 人工费	材料费	机械费	管理费+利润	扣甲供费用	全费用综合单价 小计	工程造价
130	011201001001	墙面一般抹灰 1. 墙体类型：砖墙； 2. 底层厚度，砂浆配合比：15mm厚1:1:6水泥石灰膏砂浆打底扫毛； 3. 中层厚度，砂浆配合比：5mm厚1:0.3:3水泥石灰膏砂浆抹平			m²	2 335.324 2	15.5	10.89	0.71	28.81		55.91	130 576.14
			14-38	砖墙内墙抹混合砂浆	10m²	233.532 42	155.04	108.87	7.07	288.06		559.04	130 552.93
131	011201001002	墙面一般抹灰 1. 底层厚度，砂浆配合比：10mm厚1:3水泥砂浆刮糙； 2. 结合层厚度，砂浆配合比：8mm厚1:3水泥砂浆结合层			m²	1 341.176 7	16.64	11.66	0.71	30.82		59.83	80 255.83
			14-9 换	砖墙内墙抹水泥砂浆 换为【水泥砂浆 比例1:3】	10m²	134.117 67	166.44	116.58	7.07	308.36		598.45	80 262.51

序号 132～135（略）。

续表

序号	项目编号	项目名称	定额编号	定额名称	计量单位	工程数量	人工费	材料费	机械费	管理费＋利润	扣甲供费用	小计	工程造价
									其中：/元			全费用综合单价	
136	011202001001	柱面一般抹灰 1. 柱（梁）体类型：独立柱; 2. 底层厚度、砂浆配合比：15mm 厚1：1：6水泥石灰膏砂浆; 3. 中层厚度、砂浆配合比：5mm 厚1：0.3：3水泥石灰膏砂浆			m²	752.069	23.94	13.01	0.72	41.49		79.16	59 531.48
			14-47	矩形混凝土柱、梁面抹混合砂浆	10m²	75.206 9	239.4	130.09	7.23	414.92		791.64	59 536.47
137	011204003001	块料墙面（卫生间) 1. 墙体类型：多孔砖内墙; 2. 安装方式：粘贴; 3. 面层材料品种、规格、颜色：5mm厚600mm×300mm釉面砖白水泥擦缝			m²	1 380.785 9	56.99	233.32	0.81	230.44		521.56	720 164.19

续表

| 序号 | 项目编号 | 项目名称 | 定额编号 | 定额名称 | 计量单位 | 工程数量 | 其中:/元 | | | | | 全费用综合单价 | 工程造价 |
							人工费	材料费	机械费	管理费+利润	扣甲供费用	小计	
			14-82	单块面积 0.18m² 以内墙砖 砂浆粘贴墙面	10m²	138.078 59	569.94	2 333.25	8.11	2 304.48		5 215.78	720 187.05
138	011302001001	吊顶天棚（卫生间）1. 吊顶顶形式、高度，吊杆规格、高度：直径 8mm 的钢筋吊杆，双向中距 900～1 200；高度 600mm；2. 龙骨材料种类、规格、中距：轻钢大龙骨 60×30×1.5（中距＜1 200，吊点附吊挂）；铝合金中龙骨；铝合金等干板宽；铝合金横撑龙骨等干板长；3. 面层材料品种、规格：铝塑板面层			m²	357.01	30.79	115.98	1.17	118.87		266.81	95 254.16
			15-34 换	吊筋规格 H=750mm φ8 实际高度(mm)：600	10m²	35.701	109.74	40.31	9.4	39.04		88.75	3 168.43
			15-55	铝塑板天棚面层 搁在龙骨上	10m²	35.701	109.74	765.35		649.2		1 524.29	54 418.79

续表

序号	项目编号	项目名称	定额编号	定额名称	计量单位	工程数量	其中：/元					全费用综合单价	工程造价
							人工费	材料费	机械费	管理费＋利润	扣甲供费用	小计	
139	011406001001	抹灰面油漆 1. 基层类型：一般抹灰面； 2. 油漆品种，刷漆遍数：外墙涂料一遍封闭涂料一遍，米白色真石漆面层由专业厂家施工	15-17换	装配式T型(不上人型)铝合金龙骨 面层规格500mm×500mm 单层单简 设计为单层龙骨 人工×0.87	10m²	35.701	198.13	354.13	2.27	500.29		1 054.82	37 658.08
					m²	4 175.57	9.09	95.05	1.89	77.09		183.12	764 607.92
			17-218	外墙真石漆 胶带分格	10m²	417.557	90.86	950.53	18.93	770.88		1 831.2	764 628.68
140	011406001002	抹灰面油漆 1. 基层类型：一般抹灰面； 2. 腻子种类：防水腻子； 3. 刮腻子遍数：2遍； 4. 油漆品种，刷漆遍数：弹性中拉毛，深褐色弹性涂料面层 弹性涂料面层			m²	707.615 4	10.62	22.41		28.9		61.93	43 820.7

续表

序号	项目编号	项目名称	定额编号	定额名称	计量单位	工程数量	其中: /元					全费用综合单价		工程造价
							人工费	材料费	机械费	管理费+利润	扣甲供费用	小计		
141	011406003001	满刮腻子(墙面)白水泥腻子批嵌2遍		外墙弹性涂料二遍								619.39		43 828.92
			17-197		10m²	70.761 54	106.2	224.13		289.06				
				901胶白水泥满批腻子 抹灰面、石膏板面 二遍	m²	4 383.296 4	8.02	1.44		11.66		21.12		92 587.82
142	011406003002	满刮腻子(柱面)白水泥腻子批嵌2遍	17-168		10m²	438.329 64	80.24	14.38		116.64		211.26		92 602.35
				901胶白水泥满批腻子刮糙面 二遍 柱、梁、天棚面批腻子人工×1.1	m²	752.069	10.77	2.78		16.2		29.75		22 377.26
143	011406003003	满刮腻子(天棚)白水泥批嵌2遍 刷界面处理剂一道	17-170换		10m²	75.206 9	107.73	27.76		162.15		297.64		22 384.73
					m²	13 095.480 9	10.77	2.78		16.2		29.75		389 646.39

续表

序号	项目编号	项目名称	定额编号	定额名称	计量单位	工程数量	其中:/元					全费用综合单价	工程造价
							人工费	材料费	机械费	管理费+利润	扣甲供费用	小计	
			17-170换	901胶白水泥满批腻子 刮糙面二遍 柱,梁,天棚面批腻子 人工×1.1	10m²	1 309.548 09	107.73	27.76		162.15		297.64	389 776.56
144	011407001001	墙面喷刷涂料 1.喷刷涂料部位:内墙面抹灰面; 2.腻子种类:白水泥腻子批嵌2遍; 3.涂料品种,喷刷遍数:白色无机涂料2遍			m²	2 335.324 2	12.92	4.38		20.14		37.44	87 437.66
			17-177换	内墙面 在抹灰面上 901胶白水泥腻子批,刷乳胶漆各三遍 实际乳胶漆遍数(遍):2 实际腻子遍数(遍):2	10m²	233.532 42	129.21	43.81		201.39		374.41	87 437.66

续表

| 序号 | 项目编号 | 项目名称 | 定额编号 | 定额名称 | 计量单位 | 工程数量 | 其中:/元 | | | | | 全费用综合单价 | 工程造价 |
							人工费	材料费	机械费	管理费+利润	扣甲供费用	小计	
145	011407001002	墙面喷刷涂料 1. 基层类型: 抹灰面基层; 2. 喷刷涂料部位: 电梯井壁内墙面; 3. 涂料品种、喷刷遍数: 内墙防霉涂料两度			m²	31.147 1	7.91	4.63		13.6		26.14	814.27
			17-230 换	内墙防霉涂料抹灰面上刷三遍	10m²	3.114 71	79.06	46.32		136.05		261.43	814.27

研发车间桩基工程招标控制价

招   标   人：   ××有限公司
（单位盖章）

造价咨询人：   ××咨询有限公司
（单位盖章）

年 月 日

研发车间桩基工程招标控制价

招标控制价（小写）：＿＿＿＿＿＿2 714 482.28＿＿＿＿＿＿

（大写）：＿＿＿贰佰柒拾壹万肆仟肆佰捌拾贰元贰角捌分＿＿＿

招　标　人：＿×××有限公司＿　造价咨询人：＿×××咨询有限公司＿

（单位盖章）　　　　　　　　　　（单位资质专用章）

法定代理人

或其授权人：＿＿＿×××＿＿＿　法定代理人

（签字或盖章）　　　　或其授权人：＿＿＿×××＿＿＿

（签字或盖章）

编　制　人：＿＿＿×××＿＿＿　复　核　人：＿＿＿×××＿＿＿

（造价人员签字盖专用章）　　　　（造价工程师签字盖专用章）

编 制 时 间：×××× - ×× - ××　复 核 时 间：×××× - ×× - ××

总　说　明

工程名称：研发车间桩基工程

1. 工程概况：本工程名称研发车间桩基工程，项目建设单位为××有限公司。

2. 招标范围：工程量清单及施工图范围内的全部工程。

3. 编制依据：

(1) 委托方提供的施工图纸、招标文件、标底答疑等；

(2)《建设工程工程量清单计价规范》(GB 50500—2013)、《建筑与装饰工程工程量计算规范》(GB 50854—2013)、2014 版《江苏省建筑与装饰工程计价定额》、《江苏省 2014 机械台班定额》、2014 版《江苏省建设工程费用定额》、常建〔2014〕279 号文、苏建价〔2014〕448 号文、苏建价〔2016〕154 号文、苏建价函〔2018〕298 号文、苏建价函〔2019〕178 号文、江苏省住房和城乡建设厅〔2018〕24 号文、常建〔2019〕1 号文等规范、文件；

(3) 人工工资单价按苏建函价〔2021〕379 号文《省住房和城乡建设厅关于发布建设工程人工工资指导价的通知》执行。

(4) 材料价格：执行 2021 年 10 月《常州工程造价信息》中的建筑（或安装）材料除税价，本月未提供的逐月前推，信息价无提供价格的按市场价询价计入。

4. 凡本清单内容中明确的，按清单的要求编制投标报价；本清单未作说明的，按上述规范、文件和要求编制投标报价。见附表 4-8～附表 4-13。

5. 金额（价格）均应以人民币表示。

6. 工程量清单及其计价格式中的任何内容不得随意删除或涂改。

7. 工程量清单计价格式中列明的所有需要填报的单价和合价，投标人均应填报，未填报的单价和合价，视为此项费用已包含在工程量清单的其他单价和合价中。

8. 本清单所列工程数量是根据图纸或现行情况估算和暂定的，仅作为投标的共同基础，不能作为最终结算与支付的依据。

9. 措施项目清单中的现场安全文明施工费为不可竞争费，含基本费和扬尘污染防治增加费，投标报价时按清单表中的费率计取不得调整。

10. 扬尘污染防治增加费用于采取密目网覆盖、冲洗池安拆、移动式降尘喷头、喷淋降尘系统、雾炮机、围墙绿植、环境监测智能化系统等环境保护措施所发生的费用，其他扬尘污染防治措施所需费用包含在安全文明施工费的环境保护费中。

11. 根据项目特点，本工程在部分单位工程的其他项目清单中设置了暂列金额项目，为不可竞争费，投标报价时不得调整。

12. 规费、税金项目清单中所列费用的费率均为不可竞争费率，投标报价时不得调整。

13. 本工程施工所需水、接电等由承包人负责，相关费用在投标报价中考虑。

14. 土建工程其他说明：

(1) 按《建设工程费用定额》规定，科研车间的桩基工程按桩基工程二类工程取费。

(2) 混凝土为商品混凝土泵送与否由投标单位报价时自行考虑。

附表 4-8 单位工程招标控制价汇总表

工程名称：研发车间桩基工程　　　　　　　　标段：毕业设计指导实例——某公司研发车间

序号	汇总内容	金额/元	其中：暂估价/元
1	分部分项工程	2 318 812.59	
1.1	人工费	60 667.34	
1.2	材料费	2 055 947.27	
1.3	施工机具使用费	169 915.72	
1.4	企业管理费	20 750.77	
1.5	利润	11 530.65	
2	措施项目	133 768.39	
2.1	单价措施项目费	41 935.3	
2.2	总价措施项目费	91 833.09	
2.2.1	其中：安全文明施工措施费	42 965.61	
3	其他项目		—
3.1	其中：暂列金额		—
3.2	其中：专业工程暂估价		—
3.3	其中：计日工		—
3.4	其中：总承包服务费		—
4	规费	37 769.74	—
5	税金	224 131.56	—
	招标控制价合计＝1＋2＋3＋4＋5－甲供材料费_含设备/1.01	2 714 482.28	0

附表 4-9　分部分项工程和单价措施项目清单与计价表

工程名称：研发车间桩基工程　　　　　　　　　标段：毕业设计指导实例——某公司研发车间

序号	项目编码	项目名称	项目特征描述	计量单位	工程量	金额/元		
						综合单价	综合合价	其中：暂估价
		整个项目					2 318 812.59	
1	010301002001	预制钢筋混凝土管桩 1. 地层情况：场地原始标高及土质详见地质勘探报告； 2. 送桩深度、桩长：送桩长度 1.95m，单桩桩长 21.45m； 3. 桩外径、壁厚：PHC-500(110)-AB-11,10； 4. 沉桩方法：静力压桩、送桩； 5. 桩尖类型：尖底十字型； 6. 混凝土强度等级：C80		m³	742.99	3 081.04	2 289 181.91	
2	010301002002	预制钢筋混凝土管桩(试验桩) 1. 地层情况：场地原始标高及土质详见地质勘探报告； 2. 送桩深度、桩长：送桩长度 1.95m，单桩桩长 21.45m； 3. 桩外径、壁厚：PHC-500(110)-AB-11,10； 4. 沉桩方法：静力压桩、送桩； 5. 桩尖类型：尖底十字型； 6. 混凝土强度等级：C80		m³	8.67	3 417.61	29 630.68	
		分部分项合计					2 318 812.59	
		措施项目					41 935.3	
3	011705001001	大型机械设备进出场及安拆		项	1	41 935.3	41 935.3	
		单价措施合计					41 935.3	
		合　计					2 360 747.89	

注：为计取规费等的使用，可在表中增设其中："定额人工费"。

附表 4-10　总价措施项目清单与计价表

工程名称：研发车间桩基工程　　　　　　　　　　　标段：毕业设计指导实例——某公司研发车间

序号	项目编码	项目名称	基数说明	费率/%	金额/元	调整费率/%	调整后金额/元	备注
1	011707001001	安全文明施工费			42 965.61			
1.1	1.1	基本费	分部分项合计＋技术措施项目合计－分部分项设备费－技术措施项目设备费	1.5	35 411.22			
1.2	1.2	增加费	分部分项合计＋技术措施项目合计－分部分项设备费－技术措施项目设备费	0.21	4 957.57			
1.3	1.3	扬尘污染防治增加费	分部分项合计＋技术措施项目合计－分部分项设备费－技术措施项目设备费	0.11	2 596.82			
2	011707010001	按质论价	分部分项合计＋技术措施项目合计－分部分项设备费－技术措施项目设备费	0				
3	011707002001	夜间施工	分部分项合计＋技术措施项目合计－分部分项设备费－技术措施项目设备费	0.05	1 180.37			
4	011707003001	非夜间施工照明	分部分项合计＋技术措施项目合计－分部分项设备费－技术措施项目设备费	0				在计取非夜间施工照明费时,建筑工程、仿古工程、修缮土建部分仅地下室(地宫)部分可计取;单独装饰、安装工程、园林绿化工程、修缮安装部分仅特殊施工部位内施工项目可计取
5	011707004001	二次搬运	分部分项合计＋技术措施项目合计－分部分项设备费－技术措施项目设备费	0				

序号	项目编码	项目名称	基数说明	费率/%	金额/元	调整费率/%	调整后金额/元	备注
6	011707005001	冬雨季施工	分部分项合计＋技术措施项目合计－分部分项设备费－技术措施项目设备费	0				
7	011707006001	地上、地下设施、建筑物的临时保护设施	分部分项合计＋技术措施项目合计－分部分项设备费－技术措施项目设备费	0				
8	011707007001	已完工程及设备保护	分部分项合计＋技术措施项目合计－分部分项设备费－技术措施项目设备费	0				
9	011707008001	临时设施	分部分项合计＋技术措施项目合计－分部分项设备费－技术措施项目设备费	2	47 214.96			
10	011707009001	赶工措施	分部分项合计＋技术措施项目合计－分部分项设备费－技术措施项目设备费	0				
11	011707011001	住宅分户验收	分部分项合计＋技术措施项目合计－分部分项设备费－技术措施项目设备费	0				在计取住宅分户验收时，大型土石方工程、桩基工程和地下室部分不计入计费基础
12	011707012001	建筑工人实名制	分部分项合计＋技术措施项目合计－分部分项设备费－技术措施项目设备费	0.02	472.15			建筑工人实名制设备由建筑工人工资专用账户开户银行提供的，建筑工人实名制费用按表中费率乘以0.5系数计取
	合　计				91 833.09			

编制人(造价人员)：　　　　　　　　　　复核人(造价工程师)：

附表 4-11　其他项目清单与计价汇总表

工程名称：研发车间桩基工程　　　　　　　标段：毕业设计指导实例——某公司研发车间

序号	项 目 名 称	金额/元	结算金额/元	备　　注
1	暂列金额			
2	暂估价			
2.1	材料(工程设备)暂估价	—		
2.2	专业工程暂估价			
3	计日工			
4	总承包服务费			
5	索赔与现场签证			
	合　　计			

附表 4-12　规费、税金项目清单与计价表

工程名称：研发车间桩基工程　　　　　　　　标段：毕业设计指导实例——某公司研发车间

序号	项目名称	计 算 基 础	计算基数	计算费率 /%	金额/元
1	规费	社会保险费＋住房公积金＋环境保护税			37 769.74
1.1	社会保险费	分部分项工程＋措施项目＋其他项目－分部分项设备费－技术措施项目设备费	2 452 580.98	1.3	31 883.55
1.2	住房公积金	分部分项工程＋措施项目＋其他项目－分部分项设备费－技术措施项目设备费	2 452 580.98	0.24	5 886.19
1.3	环境保护税	分部分项工程＋措施项目＋其他项目－分部分项设备费－技术措施项目设备费	2 452 580.98	0	
2	税金	分部分项工程＋措施项目＋其他项目＋规费－（甲供材料费＋甲供主材费＋甲供设备费）/1.01	2 490 350.72	9	224 131.56
		合　　计			261 901.3

附表 4-13 分部分项工程量清单综合单价分析表

工程名称：研发车间桩基工程

序号	项目编号	项目名称	定额编号	定额名称	计量单位	工程数量	人工费	材料费	机械费	管理费＋利润	扣甲供费用	小计	工程造价
									其中：/元			全费用综合单价	
1	010301002001	预制钢筋混凝土管桩 1.地层情况：场地原始标高及土质详见地质勘探报告；2.送桩深度、桩长：送桩长1.95m,单桩桩长21.45m；3.桩外径、壁厚：PHC-500（110）-AB-11,10；4.沉桩方法：静力压桩、送桩；5.桩尖类型：尖底十字型；6.混凝土强度等级：C80			m³	742.99	79.8	2 735.21	223.56	568.21		3 606.78	2 679 795.58
			3-21	静力压预制钢筋混凝土离心管桩长＜24m	m³	742.99	56.91	38.24	173.88	83.73		352.76	262 096.44
			3-23	静力压送预制钢筋混凝土离心管桩桩长＜24m	m³	67.591	63	16.79	178.29	83.58		341.66	23 093.24

续表

序号	项目编号	项目名称	定额编号	定额名称	计量单位	工程数量	其中：/元					全费用综合单价	工程造价
							人工费	材料费	机械费	管理费＋利润	扣甲供费用	小计	
			3-27-4	电焊接螺栓＋电焊静力压桩机 1200kN	个	260	49.02	50.63	95.63	57.03		252.31	65 599.79
			独立费	预制钢筋混凝土管桩桩尖	个	260		200		34.13		234.13	60 873
			独立费	PHC500（110）-AB-11,10	m	5 397		359		61.26		420.26	2 268 131.49
2	010301002002	预制钢筋混凝土管桩(试验桩) 1.地层情况：场地原始标高及土质详见地质勘探报告； 2.送桩深度、桩长：送桩长度1.95m，单桩桩长21.45m； 3.桩外径、壁厚：PHC-500（110）-AB-11,10； 4.沉桩方法：静力压桩、送桩； 5.桩尖类型：尖底十字型； 6.混凝土强度等级：C80			m³	8.67	159.21	2 735.14	439.45	666.98		4 000.78	34 686.7

续表

序号	项目编号	项目名称	定额编号	定额名称	计量单位	工程数量	其中：/元					全费用综合单价	工程造价
							人工费	材料费	机械费	管理费＋利润	扣甲供费用	小计	
			3-21换	静力压预制钢筋混凝土离心管桩桩长<24m 打试桩时 人工×2,机械×2	m³	8.67	113.82	38.24	347.76	160.93		660.75	5 728.72
			3-23换	静力压送预制钢筋混凝土离心管桩桩长<24m 打试桩时 人工×2,机械×2	m³	0.789	126	16.79	356.58	164.3		663.67	523.64
			3-27换	电焊接螺栓＋电焊轨道式柴油打试桩机 3.5t 打试桩时 人工×2,机械×2	个	3	98.04	50.63	171.2	98.7		418.57	1 255.72
			独立费	预制钢筋混凝土桩尖	个	3		200		34.13		234.13	702.38
			独立费	PHC500（110）-AB-110	m	63		359		61.26		420.26	26 476.24
		合　计											2 714 482.28

研发车间大型土石方工程招标控制价

招　标　人：＿＿＿＿＿＿×× 有限公司＿＿＿＿＿＿

（单位盖章）

造价咨询人：＿＿＿＿＿＿×× 咨询有限公司＿＿＿＿＿

（单位盖章）

年　月　日

研发车间大型土石方工程招标控制价

招标控制价（小写）：　　　　　　　208 811.69

　　　　　（大写）：　　貳拾万捌仟捌佰壹拾壹元陆角玖分

招　标　人：　×××有限公司　　　造价咨询人：　×××咨询有限公司
　　　　　　　　（单位盖章）　　　　　　　　　　　（单位资质专用章）

法定代理人　　　　　　　　　　　法定代理人
或其授权人：　　×××　　　　　　或其授权人：　　×××
　　　　　　　（签字或盖章）　　　　　　　　　　（签字或盖章）

编　制　人：　　×××　　　　　复　核　人：　　×××
　　　　　（造价人员签字盖专用章）　　　　　（造价工程师签字盖专用章）

编制时间：××××-××-××　　　复核时间：××××-××-××

总　说　明

工程名称：研发车间大型土石方工程

1. 工程概况：本工程名称研发车间，项目建设单位为×××有限公司。

2. 招标范围：工程量清单及施工图范围内的全部工程。

3. 编制依据：

(1) 委托方提供的施工图纸、招标文件、标底答疑等；

(2)《建设工程工程量清单计价规范》(GB 50500—2013)、《建筑与装饰工程工程量计算规范》(GB 50854—2013)、2014 版《江苏省建筑与装饰工程计价定额》、《江苏省 2014 机械台班定额》、2014 版《江苏省建设工程费用定额》、常建〔2014〕279 号文、苏建价〔2014〕448 号文、苏建价〔2016〕154 号文、苏建价函〔2018〕298 号文、苏建价函〔2019〕178 号文、江苏省住房和城乡建设厅〔2018〕24 号文、常建〔2019〕1 号文等规范、文件；

(3) 人工工资单价按苏建函价〔2021〕379 号文《省住房和城乡建设厅关于发布建设工程人工工资指导价的通知》执行。

(4) 材料价格：执行 2021 年 10 月《常州工程造价信息》中的建筑(或安装)材料除税价，本月未提供的逐月前推，信息价无提供价格的按市场价询价计入。

4. 凡本清单内容中明确的，按清单的要求编制投标报价；本清单未作说明的，按上述规范、文件和要求编制投标报价。见附表 4-14～附表 4-19。

5. 金额(价格)均应以人民币表示。

6. 工程量清单及其计价格式中的任何内容不得随意删除或涂改。

7. 工程量清单计价格式中列明的所有需要填报的单价和合价，投标人均应填报，未填报的单价和合价，视为此项费用已包含在工程量清单的其他单价和合价中。

8. 本清单所列工程数量是根据图纸或现行情况估算和暂定的，仅作为投标的共同基础，不能作为最终结算与支付的依据。

9. 措施项目清单中的现场安全文明施工费为不可竞争费，含基本费和扬尘污染防治增加费，投标报价时按清单表中的费率计取不得调整。

10. 扬尘污染防治增加费用于采取密目网覆盖、冲洗池安拆、移动式降尘喷头、喷淋降尘系统、雾炮机、围墙绿植、环境监测智能化系统等环境保护措施所发生的费用，其他扬尘污染防治措施所需费用包含在安全文明施工费的环境保护费中。

11. 根据项目特点，本工程在部分单位工程的其他项目清单中设置了暂列金额项目，为不可竞争费，投标报价时不得调整。

12. 规费、税金项目清单中所列费用的费率均为不可竞争费率，投标报价时不得调整。

13. 本工程施工所需水、接电等由承包人负责，相关费用在投标报价中考虑。

14. 土建工程其他说明：

土方开挖：场外堆土，运距按 3km 考虑；土方回填：场外取土，运距按 3km 考虑。

附表 4-14　单位工程招标控制价汇总表

工程名称：研发车间大型土石方工程　　　　　标段：毕业设计指导实例——某公司研发车间

序号	汇 总 内 容	金额/元	其中：暂估价/元
1	分部分项工程	168 772.45	
1.1	人工费	26 333.47	
1.2	材料费	451.3	
1.3	施工机具使用费	125 384	
1.4	企业管理费	10 610.61	
1.5	利润	6 048.93	
2	措施项目	19 892.47	
2.1	单价措施项目费	12 653.57	
2.2	总价措施项目费	7 238.9	
2.2.1	其中：安全文明施工措施费	3 483.38	
3	其他项目		—
3.1	其中：暂列金额		—
3.2	其中：专业工程暂估价		—
3.3	其中：计日工		—
3.4	其中：总承包服务费		—
4	规费	2 905.44	
5	税金	17 241.33	—
	招标控制价合计＝1＋2＋3＋4＋5－1甲供材料费_含设备/1.01	208 811.69	0

附表 4-15　分部分项工程和单价措施项目清单与计价表

工程名称：研发车间大型土石方工程　　　　标段：毕业设计指导实例——某公司研发车间

序号	项目编码	项目名称	项目特征描述	计量单位	工程量	金额/元		
						综合单价	综合合价	其中：暂估价
		整个项目					168 772.45	
1	010101001001	平整场地	土壤类别：三类土	m²	2 115.63	1.02	2 157.94	
2	010101002001	挖一般土方	1. 土壤类别：三类干土； 2. 挖土深度：1.6m； 3. 弃土运距：外运土方 3km	m³	4 127.36	23.97	98 932.82	
3	010103001001	回填方	1. 密实度要求：压实系数大于 0.94； 2. 填方材料品种：素土； 3. 填方来源、运距：3km 以外	m³	3 401.09	19.9	67 681.69	
		分部分项合计					168 772.45	
		措施项目					12 653.57	
4	011705001001	大型机械设备进出场及安拆		项	1	12 653.57	12 653.57	
		单价措施合计					12 653.57	
		本页小计					181 426.02	
		合　计					181 426.02	

注：为计取规费等的使用，可在表中增设其中："定额人工费"。

附表 4-16 总价措施项目清单与计价表

工程名称：研发车间大型土石方工程   标段：毕业设计指导实例——某公司研发车间

序号	项目编码	项目名称	基数说明	费率/%	金额/元	调整费率/%	调整后金额/元	备注
1	011707001001	安全文明施工费			3 483.38			
1.1	1.1	基本费	分部分项合计＋技术措施项目合计－分部分项设备费－技术措施项目设备费	1.5	2 721.39			
1.2	1.2	增加费	分部分项合计＋技术措施项目合计－分部分项设备费－技术措施项目设备费	0				
1.3	1.3	扬尘污染防治增加费	分部分项合计＋技术措施项目合计－分部分项设备费－技术措施项目设备费	0.42	761.99			
2	011707010001	按质论价	分部分项合计＋技术措施项目合计－分部分项设备费－技术措施项目设备费	0				
3	011707002001	夜间施工	分部分项合计＋技术措施项目合计－分部分项设备费－技术措施项目设备费	0.05	90.71			
4	011707003001	非夜间施工照明	分部分项合计＋技术措施项目合计－分部分项设备费－技术措施项目设备费	0				在计取非夜间施工照明费时,建筑工程、仿古工程、修缮土建部分仅地下室(地宫)部分可计取;单独装饰、安装工程、园林绿化工程、修缮安装部分仅特殊施工部位内施工项目可计取
5	011707004001	二次搬运	分部分项合计＋技术措施项目合计－分部分项设备费－技术措施项目设备费	0				

续表

序号	项目编码	项目名称	基数说明	费率/%	金额/元	调整费率/%	调整后金额/元	备注
6	011707005001	冬雨季施工	分部分项合计+技术措施项目合计-分部分项设备费-技术措施项目设备费	0				
7	011707006001	地上、地下设施、建筑物的临时保护设施	分部分项合计+技术措施项目合计-分部分项设备费-技术措施项目设备费	0				
8	011707007001	已完工程及设备保护	分部分项合计+技术措施项目合计-分部分项设备费-技术措施项目设备费	0				
9	011707008001	临时设施	分部分项合计+技术措施项目合计-分部分项设备费-技术措施项目设备费	2	3 628.52			
10	011707009001	赶工措施	分部分项合计+技术措施项目合计-分部分项设备费-技术措施项目设备费	0				
11	011707011001	住宅分户验收	分部分项合计+技术措施项目合计-分部分项设备费-技术措施项目设备费	0				在计取住宅分户验收时,大型土石方工程、桩基工程和地下室部分不计入计费基础
12	011707012001	建筑工人实名制	分部分项合计+技术措施项目合计-分部分项设备费-技术措施项目设备费	0.02	36.29			建筑工人实名制设备由建筑工人工资专用账户开户银行提供的,建筑工人实名制费用按表中费率乘以0.5系数计取
	合 计					7 238.9		

编制人(造价人员):　　　　　　　　　　　复核人(造价工程师):

附表 4-17　其他项目清单与计价汇总表

工程名称：研发车间大型土石方工程　　　　　　标段：毕业设计指导实例——某公司研发车间

序号	项 目 名 称	金额/元	结算金额/元	备　　注
1	暂列金额			
2	暂估价			
2.1	材料（工程设备）暂估价	—		
2.2	专业工程暂估价			
3	计日工			
4	总承包服务费			
5	索赔与现场签证			
	合　　计			

附表 4-18 规费、税金项目清单与计价表

工程名称：研发车间大型土石方工程　　　　　　标段：毕业设计指导实例——某公司研发车间

序号	项目名称	计 算 基 础	计算基数	计算费率/%	金额/元
1	规费	社会保险费＋住房公积金＋环境保护税			2 905.44
1.1	社会保险费	分部分项工程＋措施项目＋其他项目－分部分项设备费－技术措施项目设备费	188 664.92	1.3	2 452.64
1.2	住房公积金	分部分项工程＋措施项目＋其他项目－分部分项设备费－技术措施项目设备费	188 664.92	0.24	452.8
1.3	环境保护税	分部分项工程＋措施项目＋其他项目－分部分项设备费－技术措施项目设备费	188 664.92	0	
2	税金	分部分项工程＋措施项目＋其他项目＋规费－(甲供材料费＋甲供主材费＋甲供设备费)/1.01	191 570.36	9	17 241.33
	合　　计				20 146.77

附表 4-19 分部分项工程量清单综合单价分析表

工程名称：研发车间大型土石方工程

序号	项目编号	项目名称	定额编号	定额名称	计量单位	工程数量	人工费	材料费	机械费	管理费+利润	扣甲供费用	小计	工程造价
									其中：/元			全费用综合单价	
1	010101001001	平整场地		推土机（105kW）平整场地厚＜300mm 工程量＜4 000m² 时少于4 000m² 机械×1.18	m²	2 115.63	0.13		0.79	0.34		1.26	2 669.89
			1-274 换		1 000m²	2.673 26	105		624.29	272.27		1 001.56	2 677.42
2	010101002001	挖一般土方		反铲挖掘机（1m³以内）挖土装车	m³	4 127.36	5.53	0.04	16.03	8.06		29.66	122 403.45
			1-204		1 000m³	3.71462	315		3 288.19	1 345.19		4 948.38	18381.36
				人工挖土方三类土用人工修边坡，整平的土方工程量人工×2	m³	412.736	52.5			19.61		72.11	29760.83
			1-3 换	自卸汽车运土运距在＜3km 反铲挖掘机装车机械[99071100]含量×1.1	1 000m³	4.127 36		39.3	13 069.82	4 888.73		17 997.85	74 283.62
			1-263 换										
3	010103001001	回填方			m³	3 401.09	0.94	0.08	16.92	6.68		24.62	83 738.36

续表

| 序号 | 项目编号 | 项目名称 | 定额编号 | 定额名称 | 计量单位 | 工程数量 | 其中:/元 | | | | | 全费用综合单价 | 工程造价 |
							人工费	材料费	机械费	管理费+利润	扣甲供费用	小计	
			1-204换	反铲挖掘机(1m³以内)挖土 装车 一、二类土 机械×0.84	1 000m³	3.401 09	315		2 762.08	1 148.78		4 225.86	14 372.54
			1-263换	自卸汽车运土 运距在<3km 反铲挖掘机装车 机械[99071100] 含量×1.1	1 000m³	3.401 09		39.3	13 069.82	4 888.73		17 997.85	61 212.33
			1-288换	内燃压路机 8t 以内填土碾压 实际碾压遍数(遍):3	1 000m³	3.401 09	630	45.7	1 091.17	653.42		2 420.29	8 231.6
合 计													208 811.7

参 考 文 献

[1] 规范编制组.2013 建设工程计价计量规范辅导[M].北京：中国计划出版社,2013.

[2] 中华人民共和国住房和城乡建设部.房屋建筑与装饰工程工程量计算规范(GB 50854—2013)[S].北京：中国计划出版社,2013.

[3] 中华人民共和国住房和城乡建设部.建设工程工程量计价规范(GB 50500—2013)[S].北京：中国计划出版社,2013.

[4] 全国造价工程师执业资格考试培训教材编审委员会.建设工程技术与计量[M].北京：中国计划出版社,2013.

[5] 中华人民共和国住房和城乡建设部.建筑工程面积计算规范(GB/T 50353—2013)[S].北京：中国计划出版社,2013.

[6] 江苏省住房和城乡建设厅编著,江苏省建筑与装饰工程计价定额(上、下册,2014 版)[M].南京：江苏凤凰科学技术出版社,2014.

[7] 张强,易红霞.建筑工程计量与计价[M].北京：北京大学出版社,2014.

[8] 袁建新.建筑工程定额与预算[M].北京：高等教育出版社,2002.

[9] 任波远,张键.建设工程工程量清单编制[M].北京：高等教育出版社,2012.

[10] 张强,易红霞.建设工程计量与计价[M].北京：北京大学出版社,2013.

[11] 郎桂林,孙璐.建筑与装饰工程技术与计价[M].南京：江苏凤凰科学技术出版社,2014.